新农村建设丛书

稀特蔬菜栽培技术

杨柏明　潘洪玉　吴　颖　主编

吉林出版集团股份有限公司

吉林科学技术出版社

图书在版编目（CIP）数据

稀特蔬菜栽培技术 / 杨柏明编 . —长春：
吉林出版集团股份有限公司，2009.6（2025.1 重印）
ISBN 978-7-80762-620-6

Ⅰ . 稀... Ⅱ . 杨... Ⅲ . 蔬菜园艺 Ⅳ . S63

中国版本图书馆 CIP 数据核字（2009）第 094207 号

稀特蔬菜栽培技术
XI TE SHUCAI ZAIPEI JISHU

主　　编	杨柏明　潘洪玉　吴　颖	
责任编辑	李婷婷	
开　　本	850mm×1168mm　1/32	
字　　数	123 千	
印　　张	4.75	
版　　次	2009 年 6 月第 1 版	
印　　次	2025 年 1 月第 8 次印刷	
印　　刷	三河市元兴印务有限公司	

出　　版	吉林出版集团股份有限公司 吉 林 科 学 技 术 出 版 社
发　　行	吉林出版集团股份有限公司
社　　址	吉林省长春市福祉大路 5788 号
邮　　编	130000
电　　话	0431-81629968
电子邮箱	11915286@qq.com
书　　号	ISBN 978-7-80762-620-6
定　　价	27.00 元

出版说明

　　《新农村建设丛书》是一套针对"农家书屋""阳光工程""春风工程"专门编写的丛书，是吉林出版集团组织多家科研院所及千余位农业专家和涉农学科学者倾力打造的精品工程。

　　丛书内容编写突出科学性、实用性和通俗性，开本、装帧、定价强调适合农村特点，做到让农民买得起，看得懂，用得上。希望本书能够成为一套社会主义新农村建设的指导用书，成为一套指导农民增产增收、提高自身文化素质、更新观念的学习资料，成为农民的良师益友。

目　　录

第一章 概　述

随着设施园艺事业的发展，生活水平的日益提高，人们开始追求高质量、多样化、高营养且有一定食疗作用的蔬菜。在我国北方，蔬菜作物已基本上做到周年生产、均衡供应，当黄瓜、番茄、辣椒等普通蔬菜随时随地可满足人们的消费需求时，人们把目光又投向了新奇少见的稀特蔬菜。我国各地从荷兰、美国、日本、以色列等 16 个国家和地区引进了 30 余科 160 多种稀特蔬菜。在新一轮种植结构调整的形势下，适度发展稀特蔬菜生产，在提高人们的饮食质量、满足消费需求、促进地区经济发展、提高蔬菜产品效益、出口创汇、富裕农民等方面，都起了较大的作用，并且符合高效农业的发展方向。

一、稀特蔬菜的概念

（一）概念

所谓稀特蔬菜，一般是指大宗蔬菜之外的一些有营养、无公害的较为新颖的山野菜、引进品种等蔬菜。稀特蔬菜，一是指从国外引进的新品种，如芦笋、以色列樱桃番茄、日本樱桃萝卜、碟形西葫芦、无刺黄瓜等；二是指地方培育的珍稀品种，如香椿、莲藕等；三是指人工驯化的野生蔬菜，如辽东楤木、荚果蕨、蹄叶橐吾和蒲公英等。

（二）稀特蔬菜是一个动态概念

我国稀特蔬菜在不同时期所包含的范围也不尽相同，20 世纪 80 年代的稀特蔬菜主要指从国外引进的蔬菜品种，如青花菜、结球生菜、紫甘蓝、西芹等。20 世纪 80 年代末至 90 年代初，新一轮由国外引进的蔬菜，如樱桃番茄、羽衣甘蓝、抱子甘蓝、球茎茴香、番杏、软化菊苣等在国内崭露头角，这些蔬菜已为广大生产者和消费者所熟悉，逐步退出了稀特蔬菜行列。除此之外，一些地方品种中的珍稀蔬菜、野生蔬菜、新颖芽苗菜等优质、高档蔬菜在我国蔬菜市场悄然兴起，极大地扩展了稀特蔬菜的范围。所以，"稀特蔬菜"习惯上是指当地较为新颖的蔬菜。在不同时期，稀特蔬菜所包含的范围也不同，稀特蔬菜应是一个动态发展的概念。

（三）稀特蔬菜已成为蔬菜种植中的热点

稀特蔬菜悄然兴起，是市场经济发展下的必然现象。一方面是因为人们的消费观念开始发生变化，消费者已不仅仅满足于蔬菜产品的充足数量，而是更加注重其整洁美观的外形、鲜艳的色泽、精美的包装，并且开始追求品种多样、风味口感佳良、富含营养、具有一定的食疗保健效果、清洁无污染、食用方便等更高层次的消费目标。稀特蔬菜符合蔬菜产品消费发展的潮流，成为一种消费的时尚，进而受到社会的瞩目。另一方面由于稀特蔬菜比一般蔬菜要求更高的栽培技术，较严格的质量管理，更能展现高新科学技术，因而也更符合三高农业的发展方向，使生产者获取较高的经济效益。在农业产业结构调整中，稀特蔬菜的引进和生产受到了高度重视。

二、稀特蔬菜的主要特点

（一）风味独特，营养丰富，适于食疗保健

在超市里，摆放着许多形态各异、色泽鲜艳的紫甘蓝、绿菜花、黄菊苣、白芦笋以及鲜红的樱桃番茄，会使人耳目一新、大开眼界，它们不仅色泽鲜艳、肉质细嫩、品质好、风味独特，而且富含多种营养。有些品种还具有很好的药用价值，长期食用可起到健身防病的作用，深受食用者喜爱。

（二）栽培简单，加工容易

由野生植物转向稀特蔬菜行列的蔬菜，对环境条件、栽培技术要求不高，稍加人工栽培即可满足其生长需求，使产量倍增。

名优特蔬菜的加工、贮藏技术也较为简单。

（三）经济价值高，是出口创汇的重要蔬菜

这类蔬菜由于品种好、营养价值高，生产数量相对较少，物以稀为贵，所以经济价值较高。生产中，樱桃萝卜除了进行间作套种以外，还常利用温室前沿、四周边沿、畦埂等空隙地进行种植，这样既满足市场需求，又充分利用温室面积，增加收入。有些名优特蔬菜如芦笋、青花菜、牛蒡等在我国落户后，生长繁茂，产量高，质量优，成为我国出口创汇的重要蔬菜。

三、我国稀特蔬菜的发展现状及存在的问题

（一）发展现状

稀特蔬菜的商品生产在我国已经历了三十多年的发展历史，为我国蔬菜的生产和消费开创了一个新局面、新领域，促进了蔬菜生产技术的发展。稀特蔬菜的生产除满足了宾馆、饭店、涉外餐厅、驻京使馆和商社需求外，还大量投到蔬菜市场，丰富了市民的"菜篮子"。继北京、广东率先发展稀特蔬菜商品生产后，天津、青岛、大连、上海、西安、长春、秦皇岛等一大批大中城市和沿海开放城市相继引种稀特蔬菜，稀特蔬菜的生产呈现出雨后春笋般蓬勃向上的形势。

（二）存在的问题

1. 盲目发展，影响经济效益　稀特蔬菜正处于发展开拓阶段，许多单位和菜农看到种植稀特蔬菜能赚钱，没有进行充分的市场调研，就盲目引种发展，结果卖不出去或低价销售造成经济效益差，反而不如种植普通蔬菜。所以在生产和发展中要根据市场行情，按照由小到大的原则，多品种、多茬口、多形式进行小批量生产，在发展过程中不断开拓市场，打通销售渠道，签订产销合同，有步骤、有计划地逐步扩大生产，做到心中有数，谨防因产品积压或滞销造成经济损失。

2. 品种结构不合理　许多地区叶菜类种植面积大，产品过剩，效果低，而果菜类种植面积偏小，产品满足不了消费者的需求。

3. 种植技术水平参差不齐　许多菜农认为种植稀特蔬菜比种植普通蔬菜容易，只要按传统栽培方法种植就行，造成稀特蔬菜产量低、品质差、受病虫侵害严重，导致不能及时上市。

（1）留果部位不科学　引进的小型黄瓜、彩色甜椒、长茄等稀特蔬菜品种的生育期长，采收期长达半年以上，必须保证植株整个生育期生长良好，取得较高产量，才能收到更大效益。例如，留住前期果实就会影响到以后果实发育和植株生长。

（2）肥水管理不当　许多地区大量追施氮肥，不施磷钾肥和微量元素，造成植株长势旺、易感病虫害、品质差。浇水多数采取大水漫灌的方法，间隔时间长，每次浇水量大，形成浇水后最初几天土壤湿度过大，透气性差，到临近下一次浇水前2～3天，土壤又过于干旱，影响了植株正常生长，致使长势差、产量低，也常常使植株能正常生长的日期减少约50%。

（3）密度不合理　从国外引进的瓜果类作物品种，种子价格高、单株长势强、采收期长、需要较小的密度。如小型黄瓜以每667m^{2}定植2 000株左右为宜。

（4）育苗水平低　采用传统床土育苗方式，根系发育不好，苗龄长，易携带病虫。

（5）植株整理不及时　彩色甜椒适宜留6～7条主枝，始终保持向上生长，需去掉其余侧枝和下部老化叶片，而许多菜农不整枝，任其自然生长或留条过多且不疏果，致使果实小、产量低、转色慢。

（6）栽培环境条件调节水平低　有些地区的菜农在管理措施上不能满足作物对环境条件的要求，保护地内温度过高或偏低、冬季湿度过大、通风不良、室内二氧化碳浓度严重不足，是产量低、易感病虫害的主要原因。

4. 产品质量差的原因

（1）产品受污染　随着温室面积增加，病虫害发生呈上升趋势。许多菜农不注重环境保护，缺乏安全生产意识，使生产的稀特蔬菜产品中农药、硝酸盐、亚硝酸盐、重金属等有害物质含量超过规定指标。

（2）产品品质差　蔬菜产品甜度不高、风味不浓、口感差、营养物质含量低。

（3）产品外观差　果实大小、植株粗细参差不齐、色泽差、颜色不鲜艳。

5. 对产品特性和食用方法宣传少　许多消费者不是不想买而是不敢买，不知有什么好处、怎么烹调。消费者按烹调普通蔬菜的方法烹调稀特蔬菜，结果不仅体现不出稀特蔬菜的特色，也不好吃，还使许多营养流失掉。生产者对产品特点和食品方法宣传不够，致使销售量上不去。

6. 了解市场信息少，相互沟通差　市场变化很大，如果不了解信息和市场行情，产品就有可能滞销或售价低。

7. 病虫害防治效果差　名优特蔬菜病虫害较少是暂时的、相对的。随着名优特蔬菜生产的发展，病虫害的问题日益突出，损失也愈严重。为有效控制病虫害，确保名优特蔬菜正常生产，开展有关防治技术试验研究和示范推广工作是非常必要的。

四、稀特蔬菜发展的对策

（一）因地制宜，科学发展

1. 宾馆、饭店、酒楼和超级市场　要求全年均衡供应，每天都需要送货，而且品种多，每种数量多少不定，以外包装新颖、保健功效强的樱桃番茄、樱桃萝卜、小型黄瓜等备受欢迎。要分批排开播种，陆续采收供应，不能断档。

2. 节日装箱礼品菜　以档次高、耐贮藏、外观新颖的彩色甜椒、小型黄瓜、栗味南瓜、樱桃番茄、软化菊苣等品种受欢迎。可以瓜果类为主，适当搭配樱桃萝卜等根茎类稀特蔬菜品种。应根据不同作物、不同品种的生育期来确定播种期，以保证装箱前正常采收。

3. 观光采摘稀特蔬菜 选择有利于长期连续采摘的樱桃番茄、小型黄瓜、厚皮甜瓜等品种分棚播种种植。供应机场、车站、旅游区，可根据客流旺季选择小型黄瓜、樱桃番茄、鲜食白萝卜、甜瓜等适宜鲜食的品种。

4. 出口和运往外埠销售 根据本地优势和被销售地区的价格差异，拿到订单后，种植耐贮藏、运输的山药，耐运输的番茄、芥蓝、黄秋葵等品种，根据每批走货的数量确定播种时间和面积。

（二）提高科技水平，强化食品安全意识

生产稀特蔬菜，要改变传统观念，树立精品意识，生产和贮运过程中要避免污染。主要措施有：施用腐熟有机肥；采用农业防治、物理防治、生物防治等手段，预防病虫害的发生；尽量不用化肥和化学农药；改变随水冲施粪便的习惯，确保产品达到 A 级绿色食品标准，力争达到 AA 级绿色食品标准，与国际接轨。

（三）提高品质

1. 选用优良品种 要选用质优、抗病、抗逆性强、生长整齐的杂种一代或优良品种，还要根据季节选择适宜的品种，不要图便宜使用劣质种子。

2. 采用科学管理方法 根据作物的生长发育规律和对环境条件的要求，进行追肥、浇水，调节温度、湿度和光照，进行整枝、打杈等科学管理，尤其要推广平衡施肥技术，氮、磷、钾与微量元素配合施用，防止营养流失和被土壤固定；推广均衡浇水技术，尽量安装滴灌设施，采取小水勤灌的方式；调节好温度、湿度、光照、二氧化碳浓度等条件，使稀特蔬菜在适宜的环境条件下生长，生产出品质好、风味浓、甜度高、色泽好、鲜嫩的优质产品。

3. 重视采后处理 要及时采收，提高整修、包装质量，规格、质量不同的产品按要求分类包装。设专人检查质量，不合格产品不能上市。尽量缩短从采收到货架的时间，保证产品鲜嫩。

（四）向消费者介绍产品特点和食用方法，引导消费

市场经济要求蔬菜科研单位和生产者不但要种好菜，还要了解产品的特点、营养含量、保健功能和食用方法，并向消费者介绍，这是推动稀特蔬菜发展、提高经济效益的重要工作之一。

（五）树立品牌意识，拓宽销售渠道，降低生产成本

在激烈的市场竞争中，品牌尤为重要，是企业能否生存和发展的重要因素。各生产单位要注重产品质量，树立产品形象，增加市场竞争力，健全销售组织，建立配送中心。生产单位之间要加强协作和信息交流，利用各自优势，抓住机遇，共同发展。除供应本地区消费市场外，还要积极参与国内大市场和国际大市场的大循环，抢占外埠市场和挤占国际市场，以最大努力来提高经济效益，使稀特蔬菜生产进入快速和健康发展的新阶段。

五、发展前景

（一）人民生活水平提高和出口创汇带动了稀特蔬菜的发展

国际交往频繁，人们的生活水平迅速提高，对蔬菜花色品种要求更趋强烈，刺激了稀特蔬菜的发展，在出口创汇经济带动下，出口稀特蔬菜发展较快。

（二）稀特蔬菜有一大部分仍处于探索阶段

仅有一部分种类的资源普查、品种选育、生物学特性、生长发育规律、化学成分分析、栽培技术、贮藏、加工、保鲜等工作取得了一些进展。

练习题

1. 简述稀特蔬菜的概念。

2. 简述稀特蔬菜的发展对策。

3. 稀特蔬菜的发展前景怎样？

第二章　娃娃菜

娃娃菜是一种袖珍型的小株白菜，属于十字花科芸薹属白菜亚种。原在云南高山地区栽培，选用日本、韩国等优质小菜型结球白菜的专用品种，在没有污染的高山环境条件下通过微型化特殊栽培，采收后剥去大量外叶，仅选其内心嫩芽。外形为长圆柱形，结球紧实，重2kg左右，小的重0.1kg左右，外表绿白色或鲜黄色，其中鲜黄色为精品。通常用塑料袋包装，3株为1袋，冷藏保鲜。

一般生育期为45～55天，商品球高20cm，直径8～9cm，净菜重150～200g。生长适宜温度为15℃±10℃，低于5℃则植株易受冻害，抱球松散或无法抱球；高于25℃则植株易染上病毒病。

娃娃菜是蔬菜中的佳品，色泽鲜艳，风味独特，含有丰富的蛋白质、维生素、钾、钙、钠、磷等营养成分，是一种低热量、易消化、能促进人体新陈代谢的蔬菜。娃娃菜菜帮薄甜嫩，味道鲜美，因其小巧可爱，可食率高而受到市场的欢迎。娃娃菜的市场潜力极大，被不少宾馆、酒家列为必备蔬菜。

第一节　品　　种

一、京夏娃娃菜

该品种播种后45～50天收获。植株耐热、耐湿，包球早，株形小，适于密植。外叶深绿，叶面皱，质地柔软，球叶黄白色；抗病毒病、霜霉病和软腐病，品质极佳。适期采收的娃娃菜球高约 14cm，球直径约 7cm，中部稍粗，单球重 100～150g，适合包装运输。

二、京春娃娃菜

该品种定植后 45～50 天收获，包球早，株形较小，适于密植。外叶绿，叶球合抱，球叶浅黄色；抗病毒病、霜霉病和软腐病，耐抽薹性强，品质极佳。适期采收的娃娃菜球高约 15cm，球宽约 5cm，单球重 200～300g，上下等粗，适合包装运输。

三、高夏迷你娃娃菜

该品种耐病性强，生长势强；叶数较多，叶色浓绿，叶肉致密，不易碎；抗病性强。

四、亚洲迷你黄娃娃菜

该品种极早生，晚抽薹，味道好，可在早春栽培，外叶浓绿色，内叶黄色，叶数多，商品性好。生长快，熟期短，早期栽培出货有利。

五、冬王迷你娃娃菜

该品种早熟，中晚抽薹，食味极佳。心部黄色，外叶深绿色。冬季和早春栽培，55～65 天可收获。

六、高山地娃娃菜

该品种专用种极早熟，韩国引进一代交配。植株长势强，抽薹晚，春播最宜。夏季高寒地也可栽培，生长期 50～60 天。单球重 0.9～1.2 kg，外叶浓绿，心叶嫩黄，叠抱，口感特佳，为种植的娃娃菜优秀品种之一。

七、红宝 1 号娃娃菜

该品种球叶叠抱，柱状，上下粗细一致，适宜装在纸箱中运输。外叶绿色，无毛，内叶橘红色。风味清香，叶柄薄，适合生食。生育期 55～60 天，球高 28cm，横径 16.5cm。去除外叶保留 150～200g 的菜心，作为娃娃菜上市，颜色鲜艳，抱合紧实，不散叶，帮正不扭曲，菜型美观，营养丰富。

第二节　生物学特征

一、植物学特性

（一）根

娃娃菜的根系为浅根直根系，主根上着生两列侧根，主根、侧根上分根很多，形成很密的吸收网。娃娃菜的根系虽较发达，但多为水平生长，主要根群分布在距地表 30～35cm 的根层中。

（二）茎

营养生长时，茎部缩短，节间短，每节发生根出叶 1 枚，腋芽不发达。进入生殖生长时期抽生花茎，高 60～100cm，其上可以发生多次分枝。

（三）叶

娃娃菜全株先后发生的枝叶异态异形，子叶两枚，对生，肾形；基生叶两枚，对生，与子叶垂直呈十字形，叶片为长椭圆形，又称初生叶；中生叶着生于短缩茎中部，包括幼苗叶和莲座叶，互生，叶片宽大，有明显的叶翘，无明显的叶柄；顶生叶互生，着生在短缩茎顶端，构成顶芽。

（四）花、果实及种子

总状花序，完全花，花萼、花瓣均 4 枚，十字形排列。花瓣黄色或浅黄色。花丝基部生有蜜腺，属异花授粉作物。果实为长角果，成熟时纵裂。

二、生长发育过程

（一）发芽期

从种子萌动发芽到出土、真叶显露为发芽期。在适宜的温度和土壤水分条件下需 3～5 天。

（二）幼苗期

从真叶显露到 5～8 片叶展开、形成第 1 个叶环为幼苗期。早熟品种幼苗期发生 5 片叶，需 12～15 天。晚熟品种幼苗期发生 8

片叶，需 17～18 天。

（三）莲座期

幼苗期结束后再发生两个叶环形成莲座，这一时期为莲座期。植株中心发生的幼小心叶开始抱合，即为莲座期结束的特征。早熟品种需 20～21 天，晚熟品种需 27～28 天。

（四）结球期

从心叶开始抱合到叶球形成为结球期。早熟品种需 25～30 天，晚熟品种需 50 天左右。

（五）休眠期

叶球因气候转冷被迫进入休眠。在东北冬季气温较低的地区，娃娃菜通过低温春化后，在长日照条件下即可进入生殖生长阶段，其过程可分为抽薹期、开花期和结荚期。娃娃菜由营养生长过渡到生殖生长，一般需要 2℃～10℃、10～30 天的低温春化，晚熟品种比早熟品种要求严格。

三、对环境条件的要求

（一）温度

娃娃菜喜冷凉的生长环境，较耐寒，发芽适温为 25℃左右，幼苗期能耐一定的高温，叶片和叶球生长期适温为 15℃～20℃，在 10℃以下、25℃以上生长缓慢。在播种或定植时气温必须达到 13℃以上，以免抽薹。

（二）光照

娃娃菜喜光照，属长日照作物，不经过较长的低温期就能通过春化阶段，在高温、长日照的条件下能抽薹开花。

（三）水分

娃娃菜在营养生长期间喜欢较湿润的环境，由于其根系较弱，所以既不耐旱又不耐涝。如果水分不足，则生长不良，组织硬化，纤维增多，品质差。如果土壤水分过多，则影响根系吸收养分和水分，也会造成生长不良。

（四）土壤

种植娃娃菜应选择在土壤结构适宜、理化性质良好、耕层深厚、土壤肥力较高、排灌方便的地块，土壤 pH 值以 6.5～7.5 为宜。

（五）营养

娃娃菜需肥量较大，植株生长前期对氮肥需求量大，磷肥次之。到了叶球形成期，植株对氮肥和钾肥需求量增多，吸收氮、磷、钾的比例为 1：0.4：1.1。

第三节　栽培技术

一、露地栽培

（一）整地作畦

娃娃菜因根系比一般白菜要小，所以以选择土壤肥沃、排灌方便的沙质壤土至黏质壤土为宜。因其生育期较短，要注重基肥的使用，应施足腐熟有机肥，每 667m² 施 10～15kg 复合肥做底肥。缺钙或者土质较碱的地区可增施 15～20kg 的过磷酸钙以保证钙的吸收，深翻耙平。娃娃菜可垄作，也可畦作。春秋两季宜畦作，省工省时；夏季宜垄作，利于排水，畦宽 1～1.2m。

（二）播种定植

在有保护设施的情况下，可全年排开播种。但春天要注意抽薹的危险；夏季要用遮阳网，遮强光、降高温，利用防虫网防止蚜虫传播病毒病。娃娃菜可直播，也可育苗移栽。在气候较为适宜的春秋两季，可以精量播种，即每穴点播 1～2 粒或者 1 穴 2 粒、1 穴 1 粒进行交叉点播，每 667m² 用种量为 100～150g。育苗移栽的要在 3 叶期带土坨移栽，尽量早植以缩短缓苗期，株行距为 20cm×30cm。

（三）植株管理

娃娃菜的管理较为简单，播种后两周要及时间苗、定苗、补苗、拔除杂草。可不蹲苗或者只进行 1 周时间蹲苗，便可加强肥水管理，促进生长。要保持土壤湿润，但不要积水。在植株迅速膨大期（结球期），每 667m² 追施尿素 10kg 一次即可。

（四）采收

当全株高 30～35cm、心叶长满、抱球结实后，便可收获。采收时应全株拔掉，去除多余外叶，削平基部，用保鲜膜打包后即可上市。

二、保护地栽培

（一）品种选择

可选用小巧娃娃菜品种春玉黄。本品种是新一代高品质出口型代表品种，外叶深绿，内叶嫩黄，球重 1.8kg 左右，叠包紧实，口味极佳，抗病力强，极早熟，抗抽薹，耐贮运，可以密植。生长期 48～52 天。

（二）整地做畦

娃娃菜采用地膜覆盖栽培。一般选用小高畦覆盖方式，畦面宽 60cm、沟宽 30cm，先覆膜后播种。播前施足底肥，浇透底水。每 667m² 施腐熟优质农家肥 4 000～5 000kg、麻渣 100～150kg、过磷酸钙 45kg 或磷酸二铵 15～2kg。

（三）播种

1. 播种期　播种温度以 10℃～20℃为宜。播种过早，易抽薹；播种期过晚，生长期短、结球不实、质量差、产量低、不易贮藏。

2. 播种方法　采用直播，每 667m² 用种量为 100g。每畦播 4 行，按行株距 15cm 见方进行点播，每穴播 2～3 粒种子，播种深度为 1～1.5cm。

（四）田间管理

1. 间苗和定苗　娃娃菜长出 6～8 片真叶时进行定苗，每穴留 1 株，每 667m² 保苗 1.2 万～1.5 万株。

2. 追肥　娃娃菜生长期间追肥 3～4 次，根外追肥 2～3 次，苗期可追一次"提苗肥"，每 667m² 施尿素 5～8kg。若土壤底肥足，底墒好，"提苗"肥可不追。植株呈"团棵"状态时，追"发棵肥"，每667m² 追施尿素 10～15kg；当心叶抱合时及时追施"结球肥"，每667m² 追施尿素 10～15kg；结球中期可追最后一次肥，每667m² 追施尿素 8～10kg。在莲座期和结球期可结合病虫害防治，根外喷施叶面宝、丰收素或磷酸二氢钾等，共喷 2～3 次。

3. 浇水　追肥后应及时浇水。在莲座期要注意肥水不宜过多，否则植株易徒长、结球期延迟，应采取蹲苗措施，结球后应保持土壤湿润、表土不干，收获前 7～10 天停止浇水。

（五）采收

娃娃菜是以精品投放市场，一定要严把质量标准。具体质量标准如下：叶球纵径约 15cm、最大横径 7cm、全株高 30～35cm、中部稍粗、单球重 100～150g 时应及时采收，叶球过大或过于紧实易降低商品价值。采收时，一般将整棵菜连同外叶运回冷库预冷，包装前再按娃娃菜商品标准剥去外叶，每包装 3 个小叶球。娃娃菜的包装和运输应在冷藏条件下进行，以便达到保鲜和延长货架寿命的目的。

三、病虫害防治

（一）病害

娃娃菜在栽培中病害发生较少，如有发生，每隔 7 天喷 1 次药，连续 2～3 次。软腐病可用 500mg/L 农用链霉素液全株喷施或灌根。霜霉病发病初期，用 40％乙膦铝锰锌可湿性粉剂 500～600 倍液喷雾防治。病毒病发病时，用 20％病毒 A 可湿性粉剂 500 倍液喷洒。

（二）虫害

防治蚜虫可喷施 10％吡虫啉可湿性粉剂 1 000～2 000 倍液。菜青虫由于 3 龄以后的幼虫食量加大、耐药性增强，因此，施药应在 2 龄之前，药剂可选用苏云金杆菌 500～1 000 倍液，或 1％杀虫素乳油 2 000～2 500 倍液喷雾。

四、贮藏与保鲜

我国娃娃菜的贮藏多以堆藏、埋藏、窖藏为主，虽然方法简单，成本低廉，但损耗过大，贮期有限。若用冷库贮藏，由于湿度、温度等条件适合，贮期可以大大延长，而且损耗小，上市菜的品质也好。对娃娃菜进行贮藏时，最佳的贮藏条件为 0℃，相对湿度为 95％～100％，可贮藏 1.5～2 个月。采收时受伤的叶和病叶必须去除，贮藏环境中不可有乙烯存在，在 1％的低氧贮存时可以延长其贮藏期限。

娃娃菜在贮藏时易产生腐烂与脱帮现象。腐烂是由微生物的浸染引起的，原因有两个，一是田间带病，二是温湿度不当。因此在贮藏时必须进行严格挑选，剔除病株，及时改善贮藏条件，保持空气流通，加强消毒防腐来抑制微生物活动，减少腐烂的发生。脱帮是生理现象，是叶根基部形成了离层，如果把温度降低到足以减弱呼吸强度的水平上，就会减少脱帮现象的发生。总之，贮藏必须注意温度、湿度、通风三者的有机结合。

练习题

1. 简述娃娃菜的植物学特性。
2. 娃娃菜对温度的要求有哪些？
3. 如何安排娃娃菜的播种期？
4. 娃娃菜何时进行采收？
5. 娃娃菜腐烂的原因有哪些？如何防治？
6. 娃娃菜如何贮藏与保鲜？

第三章　　樱桃番茄

　　樱桃番茄属于茄科茄属番茄亚属，是番茄亚种中的一个变种，多年生草本植物，现作为食用蔬果，在全世界范围内广泛种植。果形椭圆，形状像樱桃，色泽鲜红，美味可口。果实为多汁浆果，有圆球、椭圆、鸡蛋形或洋梨形等。成熟果实呈红、粉红或黄色，外观好，果实小型。

　　种子发芽最适温度 25℃～30℃，生长最适温度 20℃～31℃，结果期生长最适温度 15℃～28℃；喜光，对光线反应敏感，光照不足时易徒长且落花落果严重；较耐旱，不耐湿，以排水良好、土层深厚、微酸性土壤种植为宜；对水分要求前期少，后期多；喜肥，同时为防止脐腐病的发生，应适当施用钙肥。樱桃番茄为喜温蔬菜，其生长发育所需温度比普通番茄高，比一般大果型番茄耐热。

　　樱桃番茄的植株可以有效地驱赶苍蝇，果实含有丰富的维生素 C。樱桃番茄较普通大番茄营养高，果皮中还含有芦丁，可降血压，预防动脉硬化、脑出血。

第一节　品　　种

一、串珠樱桃番茄

　　该品种植株属自封顶生长类型，叶片深绿色。主茎第 5 片叶至第 6 片叶开始着生花序，以后每间隔 1～2 片叶着生 1 个花序，每序着花 8～12 朵。坐果率高达 90％以上，每株可结果 100 个以上，果穗上着生的果实排列整齐。果实椭圆形，果面光滑，果形美观，单果重 10～15g，大小均匀。幼果有浅绿色果肩，成熟果鲜红色，色泽鲜艳。果肉脆嫩，风味浓郁，糖度在 7°以上。该品种不裂果，耐贮运。

二、黄珍珠樱桃番茄

该品种植株属无限生长类型，生长势中等。第 1 花序着生在第 7 节至第 8 节上，以后每间隔 3 片叶着生 1 个花序，每花序着花 8～12 朵。果实圆球形，果形美观，单果重 8～12g，大小均匀。幼果有浅绿色果肩，成熟果黄色，色泽鲜艳。果肉味浓质脆，糖度在 6°以上。抗裂，耐压。

三、小皇后樱桃番茄

该品种植株属自封顶生长类型，生长势中等。主茎第 5 片叶至第 6 片叶开始着生花序，以后每间隔 1～2 片叶着生 1 个花序，每序着花 10 朵以上，坐果率高，果穗上着生的果实排列整齐。果实椭圆形，幼果有浅绿色果肩，成熟果鲜黄色，着色均匀。果实光滑，果形美观，单果重 10～15g，大小一致，糖度在 7°左右。该品种抗裂，耐贮运。

四、北京樱桃番茄

该品种植株属无限生长类型，生长势强。第 1 花序着生在主茎第 8 片叶至第 9 片叶上，以后每隔 3 片叶着生 1 花序，花序长达 15～25cm，每序着花 15 朵以上，多的可达 30 余朵，坐果率高达 90%以上，果穗上着生的果实排列整齐、美观。果实圆球形，果面光滑，单果重 25g 左右，大小均匀，整齐一致。幼果有浅绿色果肩，成熟果鲜红色，色泽鲜艳。果实圆整，不易裂果，甜酸适口，味浓爽口，糖度在 6.5°以上。

第二节　生物学特征

一、植物学特性

（一）根

樱桃番茄的根系发达，主要分布在 30cm 的耕层内，最深可达 1.5m。根群横向分布，直径可达 $1.3\sim1.7$m，根系再生能力强。

（二）茎

樱桃番茄的茎蔓生，基部木质化，半直立或直立。植株分枝性强，为合轴分枝，高 $60\sim120$cm，一般需支架栽培，亦可无支架栽培。茎易生不定根。

（三）叶

樱桃番茄的叶互生，不规则羽状复叶。每叶有小裂片 $5\sim9$ 对，小裂片卵形或椭圆形。叶缘齿形，浅绿或深绿。茎、叶上密披短腺毛，分泌汁液，散发出特殊气味。

（四）花、果实及种子

樱桃番茄的花为总状花序或复总状花序，顶芽为花芽，第 1 花序着生在 $7\sim9$ 节间，其后花序都着生在各节侧枝顶端，每隔 $1\sim3$ 叶生 1 个花序，每个花序可着生果实 10 个以上，多的可达 $50\sim60$ 个。果实小，2 室，成熟果为红色、黄色、橙色，果色鲜艳，风味好，稍甜，单果重 $10\sim15$g，中早熟品种，定植 $50\sim60$ 天后开始收获。

二、生长发育过程

（一）发芽期

从种子发芽到第 1 片真叶出现为发芽期，需 $7\sim9$ 天。

（二）幼苗期

从第 1 片真叶出现到开始现大蕾阶段为幼苗期，从第 1 片真叶到花芽分化前的 $2\sim3$ 片真叶为基本营养生长期，需 $25\sim30$ 天；然后经 $10\sim15$ 天，第 2 花序分化结束，再经过 10 天，第 3 花序分化结束。

（三）开花结果期

从第 1 花序出现大蕾至着果为开花结果期，约需 30 天。

（四）结果期

从第 1 花序着果至结果结束的时期为结果期。

三、对环境条件的要求

（一）温度

櫻桃番茄在不同生育时期对温度的要求不同。种子发芽适温为 28℃～30℃，最低发芽温度为 12℃；幼苗期白天适温为 20℃～25℃，夜间为 10℃～15℃；开花期白天适温为 20℃～30℃，夜间为 15℃～20℃，温度低于 15℃ 或高于 20℃ 以上都不利于花期的正常发育及开花。结果期白天适温为 25℃～28℃，夜温为 16℃～20℃，昼夜温差保持在 8℃～10℃。

（二）光照

櫻桃番茄属喜光作物，光饱和点为 7 万 lx。在栽培中，一般保证 3 万～3.5 万 lx 以上的光照强度，才能维持其正常的生长发育。保护地栽培由于光照不良，植株营养水平低，会造成大量落花，影响果实的正常发育，降低产量。櫻桃番茄在花芽分化过程中需 11～13 小时的光照，开花才能较早。

（三）水分

櫻桃番茄属半耐旱性蔬菜。在空气相对湿度为 45％～50％ 的条件下，幼苗生长较快。湿度过高时，植株易发生徒长和产生病害，因而在第 1 花序着果前的幼苗期应适当控制浇水。土壤水分过多，易造成大量落花，但第 1 花序果实膨大生长后的盛果期需要大量浇水，以满足生长发育的需要。

（四）土壤及养分

櫻桃番茄对土壤的要求不太严格，但在排水不良的黏壤土中生长不良。以选择土层深厚、肥沃、通气性好、排水方便且保水力强的沙质壤土为宜。需钾最多，其次是氮、磷。

第三节　栽培技术

櫻桃番茄适合在温室、大棚、小棚中栽培，可于早春、秋季、冬季进行。

一、露地栽培

（一）品种选择

樱桃番茄按生长特性可以分为无限生长型和半停型两种，无限生长型如圣女、千禧等，长势较旺，生长周期长，产量稳定，管理较为费工，适合保护地精细越冬栽培；半心型如亚蔬系列，品种长势较弱，分枝较多，自然封顶，生长周期短，管理方便，但产量集中，适合越夏和秋延迟粗放栽培，可以在销售旺季、产品价格较高时获得较高的集中产量和较好的收益。

（二）栽培季节

樱桃番茄栽培季节与普通番茄相似。露地栽培，春播可在 2 月于保护地育苗，4 月下旬终霜后定植，6 月中下旬进入采收期；秋播可在 7 月育苗，8 月定植，10 月开始采收。保护地栽培可适当提早或延后栽培。

（三）播种育苗

1. 苗床准备　育苗床应选在未种过茄科蔬菜的地块，选肥沃田园土加入 40%～50% 腐熟有机肥，每 $1m^3$ 营养土中混入过磷酸钙 1kg、草木灰 5～10kg，混合后过筛，铺于育苗床上。早春育苗床要设在温室内，气温太低应铺设电热线；夏季育苗苗床要设在阴凉通风处。

2. 种子处理　选洁净水浸泡、揉搓，除去种毛及杂物，漂去秕粒，然后放入温水中浸泡，使种子充分膨胀。浸泡 5～7 小时后，再进行表面消杀菌处理，即用药剂浸种和温水烫种。用磷酸三钠浸种方法如下：将浸泡过的种子放入 10% 磷酸三钠溶液中浸 20～30 分钟，捞出洗净后催芽，可以杀死种子所带的烟草花叶病病毒等。药剂浸种后用常规方法催芽。

3. 播种　育苗床先浇水，早春播种时浇水可适当小些，夏天播种育苗床要灌足水，待水渗下后均匀撒种，再覆 1cm 厚过筛土。育苗床用种量为 3～5g/m^2，每公顷定植面积需 90～120m^2 育苗床。

4. 幼苗管理　早春育苗应注意保温，出苗前苗床地温控制在

25℃~30℃。夏季育苗应防雨、降温。当大部分种子出苗后要及时降温，温度控制在白天 20℃、晚上 12℃~15℃，当幼苗长出 2 片真叶时分苗。

5. 分苗　早春温度渐高，分苗床一般不用铺地热线。早春分苗应在晴天上午进行，采用暗水栽的方法，先开沟，再浇水，待水渗下后放苗、埋土。埋好后表面看不到泥水，株行距为10cm×10cm。夏季分苗在傍晚或阴天进行，方法同早春分苗，株行距为 10cm×10cm。栽后灌水，畦上遮阳，待缓苗后去掉覆盖物。分苗床温度在缓苗前白天保持在 25℃~28℃，晚上保持在 15℃~18℃；缓苗后白天保持在 20℃~25℃，晚上保持在 13℃~15℃。早春不浇水，夏天分苗床经常浇水。幼苗长至 8 片真叶时定植。

（四）定植

先整地，结合深翻，施腐熟有机肥 90t/hm²、氮磷钾三元复合肥 450kg/hm²、过磷酸钙 375kg/hm²。平地后做 1.5m 宽平畦（如果早春扣地膜，则做高 10cm、畦面宽 50~60cm 的小高畦）。平畦每畦定植 3 行，小高畦每畦定植 1 行，株距 20~30cm，定植 5.25~8.25 万株/hm²。扣地膜的先整畦铺膜，然后按株距打定植穴定植，定植深度以子叶距地面 1cm 为度。

（五）田间管理

1. 浇水　浇足定植水的植株，至第 1 穗花序开花坐果不用再浇水。若定植水浇得少，可在畦内开沟浇小水，选晴天上午进行。第 1 穗花坐果后浇第 1 次大水，结果期需水量大，每 5~6 天浇 1 次水，要求见干见湿。

2. 追肥　第 1 穗花坐果后结合浇水追施氮磷钾复合肥 225kg/hm²，第 1 穗果转色时追复合肥 150kg/hm²，以促果实发育，以后每出现两穗果时追肥 1 次，追复合肥 150kg/hm²。为提高果实的口感和品质，可以适当追钾肥 15~30kg/hm²。

3. 叶面施肥　要根据樱桃番茄的生长情况确定营养的种类，一般来讲，结果前期，植株生长比较旺盛，易徒长，应少用促进茎叶生长的叶面肥。结果盛期，植株生长势开始衰弱，应多用促进茎叶生长的叶面肥来促秧保叶，可选用尿素、磷酸二氢钾等各类叶面专用营养液。在樱桃番茄结果期喷施氯化钙、过磷酸钙、氨基酸钙等钙肥以满足樱桃番茄对钙素的需要。

4. 温度管理　樱桃番茄保护地栽培温度比普通番茄高，晚上要求 10℃ 以上，白天为 20℃～25℃，最高不高于 35℃。棚内温度高于 35℃ 时，要及时通风。

5. 整枝　无限生长型的樱桃番茄的植株高大，直立性差，当植株长至 50cm 时需插架以防倒伏。在保护地内栽培樱桃番茄，要适时用细绳吊起枝条，一般进行双干整枝，先留两个壮枝，将其他的枝条抹去。也可以进行单干整枝，仅留主枝，侧枝留 1～2 叶打顶，主枝不打顶。樱桃番茄一般搭立架或网架（井架），有利于采收和透光，苗高 30～40cm 时开始绑蔓，支架高 2m。进入采果期后，果实采到哪个位置，就把基部老叶摘到该位置。

6. 疏花保果　早春气温低时授粉不良、易落花，最好由人工用 2,4-D 涂抹刚开放的花萼和花柄（只需涂抹 1 次）。若人手不足，也可以用小喷壶进行喷花，后者会产生较多的畸形果，影响商品率。樱桃番茄每穗开花结果较多，选留坐果良好的 20～30 个果，顶端较小的和发育不良的果实可以及早去除掉。

7. 采收　樱桃番茄同穗上的果实成熟有先后，应分批采收。越夏露天种植的，收获期要及时看天气预报，大雨来临之前把八成熟的果实摘下放在屋内，出售时摘把，可防裂果。下霜前一天把白熟果实摘下放在室内，用薄膜包好，等果实红熟后上市。长途运输的果实采收在转色期进行，以利长途运输，不留果柄，采收后初步挑选。可以适当早采摘，但采摘时间太提前有损其品质和口感，应适时采收。

二、扦插育苗

樱桃番茄保护地连年种植能够导致病害发生加重。种子价格高、育苗时间长等因素一直困扰着菜农。采取扦插育苗可以有效解决上述问题，并能为菜农带来较高的经济效益。其操作技术如下：

（一）建苗床

1. 土床育苗　用3份沃土、1份腐熟过筛的有机肥拌成营养土，每1000kg营养土掺拌多菌灵80g，做成10cm厚、1m宽、长度不限的土床，浇足水。

2. 沙床育苗　用干净河沙做成10cm厚、1m宽、长度不限的沙床，浇足水。

以上两种方法均要备好塑料小拱棚和遮阳材料。

（二）插条选择

选用"台湾圣女"作为樱桃番茄扦插育苗品种。插条一般选用生长健壮、节间短、芽长12～15cm的侧芽，摘掉花序及小侧枝。侧芽过嫩或过老都不好。剪下的芽条需晾晒1～2小时至伤口微干以防病菌感染。扦插前，将插条在多菌灵500倍液中蘸一下。土床扦插株行距为10cm×10cm，沙床扦插株行距为3cm×3cm。插深3～4cm，扦插后浇透水，喷湿整个苗床，盖好小拱棚。

（三）育苗床管理

1. 遮阳　要采取遮阳的方式保湿、防高温。阳光弱时，敞开草帘；阳光强或叶片有萎蔫现象时，放下草帘遮阳。扦插5天后撤去小拱棚，10天后一般不再遮阳。

2. 保湿控温　扦插后3天内不通风，3～5天后由小较大逐渐通风。适时浇水，控制湿度在90％以上。白天温度控制在28℃左右、夜间保持20℃以上，如果温度过低，则生根较慢。

（四）移栽

育苗20天左右长出新根即可移栽。按大行距70cm、小行距50cm、株距50cm移栽定植。

三、日光温室樱桃番茄栽培技术

（一）品种选择

选用抗病能力强、耐低温、耐弱光的红太阳、维纳斯、仙女等品种。

（二）培育壮苗

1. 苗床准备　育苗所用的营养土用 6 份肥沃过筛田土加 4 份腐熟圈粪混合配制，并在每立方米营养土中加入磷酸二铵 2kg、草木灰 15kg 和 50％的多菌灵 0.5kg，土、肥、药混合均匀。将配好的营养土制成宽 120cm、长 600cm、高 15cm 的小畦苗床。长 65m、宽 9m 的日光温室大约需要 5m² 苗床。

2. 催芽播种　一般在 7 月下旬至 8 月上旬播种。播种前种子用冷水浸泡 12 小时，再用 10％磷酸三钠浸种 20 分钟，将种子用清水洗净后用 35℃温水催芽。待 80％的种子露白即开始播种。由于夏末秋初气温较高，日照较强，播种后苗床要加盖小拱棚和遮阳网。

3. 及时分苗　幼苗的两片子叶展平后进行分苗，将幼苗移栽到营养钵中。营养钵用土的配制同上。分苗后要控制光照，注意遮阳，避免高温，以促进缓苗。

4. 苗期管理　苗期的水分管理以苗床见干见湿为宜，缺水要及时补充，也不能过多灌水；温度管理以白天不高于 35℃，夜间不低于 20℃为宜，特别注意在中午 12 时至下午 4 时，如遇过强光照要及时加盖遮阳网，避免幼苗日灼；为了防治病毒病，可用病毒 A 和喷得利各 500 倍混合液喷施 1 次。当幼苗长至 15～20cm、具有 6～8 片真叶、20～25 天苗龄时，即可定植。定植前要控制温度和水分，进行炼苗。

（三）适时定植

定植前每棚施用 4 000kg 腐熟的优质农家肥和 40kg 磷酸二铵，深翻 25～30cm，耙平地面。整地后，按照宽 1.2m、高 30cm 的规格起垄，垄面耙磨平整，铺好地膜，灌 1 次透水。一般于 8 月下旬至 9 月上中旬定植。定植时采用明水定植，即先栽苗，后浇水。按照一垄双行的栽培方式，株行距为 30cm×60cm，单棚定植 2 000 株左右。定植一般选在晴天的下午进行，定植后及时灌足苗水。

（四）栽后管理

1. 温度控制　定植后应保持棚内温度与外界气温相一致，通过昼夜通风，使白天温度不高于30℃，夜间温度不低于20℃。9月下旬以后，天气渐凉，当夜温降到13℃以下时应关闭通风口，注意防寒和早霜冻。进入10月，外界气温更低，遵循通风口由大到小的原则管理，夜间温度不能低于13℃。10月中下旬要根据气温变化及时加盖草苫。结果期正值全年温度最低的季节，夜温最低维持在7℃～8℃，如果低于此水平，需做短期补充加温。

2. 光照管理　进入11月后光照渐差，除应及时清洁屋面、减少积尘、保证光照外，最好在室内北墙张挂反光幕，以增强光照，增加产量，提高品质，增加收入。

3. 肥水管理　定植后7天左右再浇1次缓苗水。当幼苗生长点附近叶色变浅、心叶伸展时，要及时进行中耕、保墒，以防止营养生长过旺。可待第1穗果坐果后再浇催果水，之后再浇10～15次水，并结合灌水，采用以水带肥，单棚每次施氮磷钾复合肥5kg。冬季地温低，要避免大水漫灌，以免影响植株生长。

4. 植株调整　采用塑料绳吊挂法支撑植株生长，及时进行绑缚。整枝方式采用单干整枝，去除根蘖和分枝，打去老叶和黄叶，一般单株保留4～5穗果，为了提高商品性，留好果穗并做好果穗整理。

5. 辅助授粉　为了提高坐果率，可采用人工振荡授粉，一般在开花后的每天上午11时进行。

（五）采收上市

日光温室秋冬茬樱桃番茄一般越晚采收产量越高，因此要尽量延迟采收，赶在元旦、春节上市。春节过后，对于有限生长类型的品种应拉秧，整理好温室，安排下一茬生产；对于无限型的品种，如果植株长势较好，可让其继续生长，延迟到秧叶衰老，也可剪去上部老化茎蔓，使新生枝蔓进行第二茬生产。

四、病虫害防治

(一) 病害

樱桃番茄的主要病害有病毒病、早晚疫病、茎腐病和灰霉病等。防治病毒病可用病毒 A、植病灵和 0.1% 高锰酸钾溶液浸种，15 分钟后用清水洗净播种。苗期或定植后用 NS-83 增抗剂 100 倍液，或用生豆汁 20 倍液预防效果也不错，苗期至花期喷 3～4 遍。病害防治应以预防为主，治疗为辅。防治早晚疫病用早疫晚疫灵 800 倍液，或杜邦克露 600 倍液，附加红又大、绿芬威 1-3 号、爱多收、1% 的硝酸钙等轮换使用。茎腐病用细菌杀、农用链霉素或茎腐灵等防治。防治灰霉病用速克灵粉剂或抗霉威可湿性粉剂加上叶面肥，在晴天的下午均匀喷洒。

(二) 虫害

重点控制棚内的温湿度，创造一个适合樱桃番茄生长的棚室条件。可设置黄板诱蚜和白粉虱，加盖遮阳网，防止外界害虫进入。

五、贮藏与保鲜

(一) 塑料袋贮藏法

先把樱桃番茄装入用 0.04mm 厚的聚乙烯薄膜制成的长 45～60cm、宽 30cm 左右的塑料袋中，然后在袋口下 1/3 处用细钉扎 3～4 对对称小孔，最后密封袋口，放在阴凉干燥的室内贮藏。

(二) 化学药品贮藏法

1. 二氧化碳石灰水浸泡法　将二氧化碳施入澄清的饱和石灰水溶液中，制成 pH 值为 4.5～4.6 的贮藏液。将全红的樱桃番茄浸泡在里面，使浸泡液高出樱桃番茄 2～3cm，并用清洁木板压住樱桃番茄，防止其露出水面而感染杂菌。然后用麻纸密封器口，将容器置于较低温度下贮藏。气温过高时，可在贮藏液中加 0.1% 的苯甲酸钠，以防杂菌感染。

2. 亚硫酸石灰水浸泡法　将分析纯 6% 亚硫酸用水配成 0.3% 的稀释液，然后用饱和石灰水调节溶液的 pH 值至 4.5～

4.6，将全红樱桃番茄浸泡其中，操作规程与上法相同。采用本法贮藏樱桃番茄 4 个月，好果率达 90%，成本低，效果好。

（三）气调贮藏法

气调贮藏在通风库内进行。挑选新鲜而没有完全成熟的樱桃番茄收入贮筐中，每筐约装 25kg。堆垛前先在地上铺一块规格略大于垛底的塑料薄膜，然后在膜上撒放 20kg 左右的石灰，并拍好垛垫，在上面码筐成垛，一般码成长方形，长 6 个筐、高 4 个筐、宽 2 个筐，每垛 48 筐，垛码成后，用预先准备好的贮藏帐罩在垛上，然后把帐边与地上铺的塑料薄膜一起卷起，再覆盖、压实，帐子四周也应扎紧，用以检测的取气小孔要用塞子塞住。

练习题

1. 简述樱桃番茄的生长发育过程。

2. 简述樱桃番茄播种前种子处理方法。

3. 樱桃番茄如何进行分苗？

4. 樱桃番茄整枝方法有几种？

5. 日光温室栽培樱桃番茄温度如何控制？

6. 樱桃番茄什么时间授粉最佳？

7. 樱桃番茄的贮藏保鲜方法有哪几种？如何操作？

第四章　无刺小黄瓜

无刺小黄瓜属于葫芦科黄瓜属，外观袖珍短小，表面光滑无刺，市场前景广阔。

种子发芽适温为25℃～30℃，生长适温为18℃～32℃。黄瓜对土壤水分条件的要求较严格，生长期间需要供给充足的水分；根系不耐缺氧，也不耐土壤营养的高浓度，土壤 pH 值以5.5～7.2为宜。黄瓜可四季栽培，冬春栽培时多用育苗种植。

无刺小黄瓜肉质脆嫩、汁多味甘、芳香可口；含有蛋白质、脂肪、糖类、多种维生素、纤维素，以及钙、磷、铁、钾、钠、镁等丰富的成分。无刺小黄瓜中含有的细纤维素可以降低血液中胆固醇、三酰甘油的含量，促进肠道蠕动，加速废物排泄，改善人体新陈代谢。新鲜无刺黄瓜中含有的丙醇二酸还能有效地抑制糖类物质转化为脂肪，因此，常吃黄瓜可以减肥和预防冠心病的发生。

第一节　品　　种

一、拉迪特

该品种叶片小，适合于早春和秋延迟日光温室大棚栽培，产量高。孤雌生殖，多花性，每节3～4个果。果实采收长度12～18cm，表面光滑，味道鲜美。该品种抗白粉病和结痂。

二、戴多星

该品种生长势中等，适合于早秋和早春日光温室和大棚种植，生产期较长，开展度大。孤雌生殖，单花性，每节1～2个果。果实淡绿色，微有棱，采收长度 12～16cm，品质好，味道好。该品种抗黄瓜花叶病毒病，耐霜霉病、叶脉黄纹病毒病和白粉病。

三、康德

该品种生长势旺盛，产量高，品质好，耐寒性好，适合早春、秋延迟越冬日光温室栽培。孤雌生殖，单花性，每节 1～2 个果。果实采收长度 12～18cm，表面光滑，味道鲜美，适合出口。该品种耐霜霉病，抗白粉病和结痂。

第二节　生物学特征

一、植物学特性

（一）根系

无刺小黄瓜的根系分布较浅，主根虽可纵向伸至 1m 多深，根系横向的伸展较宽，可达 2m，主要部分集中分布在近地面25～30cm 以内的土层和植株周围 30cm 范围内。无刺小黄瓜根系具有浅生的特点，因此要求耕层疏松透气和湿润肥沃的土壤环境。

（二）茎蔓

无刺小黄瓜蔓生，1～4 节的节间较短，能直立，无卷须，第 4 节以后的茎节间较长，直立性差，节节有卷须，依攀附物生长。每节有 1 片叶片并生有卷须、分枝、雄花和雌花。顶端优势弱，分枝强，侧枝结果、坐果能力强，茎粗通常为 0.6～1.2cm，节间长 5～9cm。

（三）叶片

无刺小黄瓜幼苗出土后，展开两片对生的长椭圆形子叶，长 4～5cm、宽 2～3cm。子叶面积虽小，但对生长发育的起始阶段有十分重要的作用。真叶呈掌状五角形，互生，叶表面有刺和气孔。叶正面的刺毛密，叶背面的刺毛稀。叶正面的气孔少且小，叶背面的气孔多且大。叶片的长、宽为 15～25cm，第 15 片至第

25片真叶的净同化率最高，每一片单叶的净同化率在叶面积达到最大时最高，真叶的面积在展开后10～15天达到最大，当叶龄超过30天以后，其净同化率迅速降低。

（四）花和果实

无刺小黄瓜为雌雄同株型，雄花的雌蕊退化，雄蕊5枚，其中4枚两两连生，另一枚单生；花药侧裂散出花粉，花粉寿命较短，在高温条件下，开花后4～5小时，即丧失活性。雌花的花柱较短，柱头三裂，子房下位，有蜜腺。雌花从开花前两天到开花次日都有受精能力。每株可结果30～40个，果实长度为8.5～12cm，弯度在0.6cm以下，上下粗细均匀（一级品标准），单个果平均实重0.1kg。

二、生长发育过程

（一）苗期（两叶一心至结瓜）

条件适宜、幼苗的生长正常时，茎与叶柄之间夹角约为45°，叶片展开呈水平状，先端稍尖，叶柄短，叶脉粗，边缘缺刻较深。

（二）结瓜至根瓜膨大期

在此期间生长正常的植株常具备以下特征：一是卷须粗壮、伸长，与主茎呈45°角；二是雌花向斜下开放，花大，呈鲜黄色；三是可采收的瓜距生长点1～1.4cm。开放的雌花距顶端约50cm，其间有4～5片展开叶，节间平均长10cm左右。

（三）采瓜期

进入采瓜期，主要是从瓜条形状上进行识别。外界条件适宜、植株生育正常时，早期结出的瓜瓜条顺直，甩瓜速度快，瓜色正常；结瓜后期，出现弯曲、大肚、尖嘴、细腰、苦味瓜等现象，均属于生育异常。

三、对环境条件的要求

（一）温度

无刺小黄瓜喜温，不耐寒，不耐高温，在10℃～30℃下都能生长，但白天以25℃～32℃、夜间以14℃～16℃生长最好。10℃

左右的昼夜温差有利于无刺黄瓜生长。温度为−2℃～0℃时，植株易受冻害，4℃以下受寒害。低温锻炼的幼苗可短期忍耐−1℃～2℃的低温，10℃时生长缓慢，10℃以下停止生长发育；37℃以上的温度抑制植株生长，超过48℃危害植株生长发育，在高湿度下可忍受48℃的高温。采用高温闷棚防治霜霉病时，一定要浇水，闷棚时间不超过两小时。

（二）光照

无刺小黄瓜为短日照蔬菜，但不同生态品种对日照长短要求不同，一般8～11小时的短日照有利于雌花的分化和形成。

（三）水分

无刺小黄瓜喜湿、怕涝、不耐旱，要求较高的土壤湿度和空气湿度。无刺小黄瓜根系较浅，吸收能力弱，要求土壤绝对含水量在20％左右。但土壤水分过多，甚至积水，不仅影响根系呼吸，甚至出现根系窒息，导致植株死亡。当空气湿度在70％～80％时，植株生长良好，湿度过大会引起多种病害发生；当空气湿度达到饱和时，叶片水分蒸发很小，从而影响根系对水分、养分的吸收。

（四）土壤

无刺小黄瓜为浅根系作物，吸收肥力能力差，所以要求选用含有机质丰富、通气性好的肥沃壤土。在沙性土壤上栽培无刺小黄瓜，早春土壤增温快，土壤通气性好，生长前期易发苗，但漏水漏肥严重，植株易早衰。栽培中应多施有机肥，并经常追肥浇水。黏性土壤通气性差，排水不良，早春增温慢，在黏性土壤上栽培的无刺小黄瓜不易发苗，生长慢，但坐果后生长速度加快。在黏性土壤上栽培时，早春要注意保温和增温，防止沤根，加强施入有机肥，适宜的 pH 值为 5.5～7.6，pH 值在 4.3 以下时，植株就会枯死，最适宜 pH 值为 6.5。

（五）肥料

无刺小黄瓜生长期长，生长量大，有机肥对无刺小黄瓜来说很重要，不仅提供多种元素，而且可改善土壤结构，促进根系生长。植株对氮、磷、钾的吸收量以钾最多，氮次之，磷较少。生产中一般重视氮肥的施用，实际上还应重视钾肥的施用，特别是多年种植黄瓜的保护地更要加强钾肥的管理。无刺小黄瓜较喜欢硝酸性氮肥，氨态氮不利于根系活动，所以施用硝态氮或尿素等较安全，但要注意施肥方法。

第三节　栽培技术

一、露地栽培

（一）栽培季节

1. 春茬　1～2 月育苗，2～3 月定植，3～6 月采收。

2. 越夏　5～6 月育苗，6～7 月定植，7～9 月采收。

3. 越冬　9～10 月育苗，10 月定植，11 月至翌年 1 月采收。

（二）培育壮苗

用 55℃温水浸种，用草炭土作为基质，用营养钵育苗。种子萌动后至 -2℃～2℃环境下，冷冻低温处理 24～48 小时，然后将温度调节至 25℃～30℃，保持较强的光照。苗龄 25～35 天、3 叶一心时，应达到叶肥大、叶片深绿、根系发达、无病虫害的标准。

（三）施肥整地

每 667m^2 施腐熟、细碎的有机肥 300kg 以上，耕深 25cm，翻耕 2～3 次，使肥料与土壤混匀，达到疏松、平整的要求，做成高出地面 20～30cm 栽培垄。

（四）定植

地温 15℃以上即可定植，行距 60cm、株距 30～40cm，选在晴天定植。定植前 5～7 天，对幼苗要喷 1 遍 3%康壮素。

（五）田间管理

1. 浇水　缓苗后蹲苗 5～7 天，促进根系生长，以后小水勤浇，保持土壤湿润。

2. 追肥　采瓜后每隔 10～15 天冲施（穴施）1 次有机肥料，每 $667m^2$ 施用 40kg，或者腐殖酸生物肥 60kg、硫酸钾复合肥 30kg。叶面喷洒有机肥、植物促产素或磷酸二氢钾，每 7～8 天喷 1 次。

3. 植株调整　秋冬茬无刺小黄瓜容易徒长，要及时上架或绑蔓，摘除侧枝，结合绑蔓抑强扶弱，协调植株长势。越冬茬栽培，侧枝萌发时，要将侧枝及时摘除。进入结果前期，及时摘除卷须，减少无效营养消耗，并防止缠绕。雌花过多或出现花打顶时要疏去部分雌花；对已分化的雌花或幼瓜要及早去掉，以增强植株长势。进入结瓜后期，植株生长速度加快，必须及时落蔓，落蔓后每株要保留 15～16 片绿色功能叶，并使叶片均匀分布在离地面 20～150cm 的空间内，使叶面积指数保持在 4 以上，地面茎蔓要均匀盘在畦面上。落蔓时同时摘除卷须及化瓜并可疏掉部分雌花，以保持营养生长与生殖生长的平衡。无刺小黄瓜生长期长，不摘心。为改善植株下部的通风透光条件，减少养分消耗和各种病害的发生，要及时清除老叶、黄叶、病叶。

4. 调节温度，加强通风换气　温度保持在白天 25℃～30℃，夜间 15℃～18℃，地温 21℃，冬季栽培要增加大棚透光率和增施二氧化碳气肥。

5　及时采收　冬茬无刺小黄瓜利用采收嫩瓜的时机进行植株调整，长势弱时应早收，长势强时可适当晚收；气温降低后要轻收，并可适当延后采收。越冬茬无刺小黄瓜应及早采收。一般标准是小黄瓜长 13～18cm、直径 2～3cm，花已开始谢时即可采收，用剪刀割断瓜柄，注意轻拿轻放。

二、保护地栽培技术

（一）环境要求

无刺小黄瓜喜温，不耐寒，最适生长温度：白天 20℃～30℃、夜间 15℃～18℃，适宜在土壤肥沃、疏松、连续两茬未种植过葫芦科作物的温室内种植。

（二）品种选择

选择抗病、高产、优质的品种，如以色列改良545和国产春野6号。

（三）栽培季节

根据生物学特性及本地气候条件，春提早栽培选择在12月底育苗，春节前定植完毕；秋延后栽培于7月中下旬育苗，8月底移栽。苗龄控制在35～45天。

（四）施肥整地

每667m² 施优质腐熟农家肥5t、二铵25～30kg，深翻25cm，使肥料与土壤混匀，要求高垄作畦，南北成行，推荐使用渗灌或滴灌设施及全地膜覆盖。

（五）管理要点

1. 育苗

（1）种子处理　用55℃～56℃热水浸种25分钟，搓洗干净后用30℃水浸泡5～6小时，再用1％高锰酸钾溶液浸泡25分钟，洗净（包衣种子不宜用此方法），沥干水分，用布包好放在25℃～30℃下催芽，有2/3的种子露白即可播种。

（2）营养土配制　营养土用大田土壤和优质腐熟农家肥以7：3的比例过筛后每立方米加50％多菌灵10g，充分混匀装入营养钵内。秋延后育苗使用遮阳网。

（3）播种　装营养土至营养钵2/3处并浇透水，每营养钵放1粒催芽种，覆土厚1.5～2cm。

（4）壮苗　标准苗龄35～45天，3叶1心，子叶肥大，真叶深绿，根系发达，无病虫害。

2. 定植　垄高25cm，地温15℃以上，选择晴好天气定植，铺上地膜，行距为宽窄行，平均行距60cm，株距为每米3棵，每667m² 定植2 300～2 600株。

3. 管理

（1）定植到缓苗期管理　白天温度保持在28℃～30℃、夜间温度不低于13℃，缓苗后加大昼夜温差，促根控秧，为始收打好基础。

（2）结果期管理　加强通风换气，白天温度保持在25℃～30℃、夜间温度保持在15℃～18℃，增加温室透光度，阴天也尽量采取散射光。

（3）水肥管理　缓苗后蹲苗5～7天，促进根系生长，以后小水勤浇，最好选择滴灌、渗灌，进入盛果期需水量加大，7～10天浇1次水，结合浇水追施速效肥15～25kg，叶面喷施3～4次磷酸二氢钾溶液。

（4）植株调整　不插架，吊蔓，每4～5片叶缚蔓1次，植株过高时，除去下部黄叶、病叶，盘条往下坐秧，并打去过多的雄花和卷须。

（5）采收及时　采收根瓜，采收标准为瓜条笔直，大小一致，长13～18cm、直径达2～3cm，花开始谢即可采收，用小剪刀或小刀割断瓜柄，要轻拿轻放，理顺码齐，用塑料包好、装箱即可，单瓜重80g左右。

三、病虫害防治

（一）病害

细菌性病害（角斑病、缘枯病）可用医用氯霉素或青霉素4 000倍液、绿乳铜800倍液交替喷雾防治。霜霉病72.2％普力克600倍液与75％百菌清800倍液交替使用，也可用50％百菌清粉尘剂每667m² 温室喷粉1 000g或45％百菌清烟雾剂处理。疫病用雷多米尔或甲霜灵锰锌1‰喷雾防治。白粉病用25％粉锈宁2 000倍液与75％甲基托布津800倍液交替喷施防治。

（二）虫害

斑潜蝇、蚜虫、白粉虱可用黄板诱杀，集中消灭，也可用1.8％阿巴丁乳油液或斑潜净0.5‰液喷雾防治。蚜虫、白粉虱用一遍净 0.5‰ 液喷雾防治。白粉虱也可采用移植前冻棚处理。

四、贮藏与保鲜

（一）贮藏条件

无刺小黄瓜对低温极为敏感，10℃以下两天就会出现冷害，有的在低温下冷害症状不明显，但回到常温下则很快腐烂。适宜的贮藏温度为 12℃～13℃，空气相对湿度为 95% 左右，贮藏时多用塑料膜包装。

（二）贮藏方法

1. 塑料袋装藏法　小型塑料食品袋，每袋装 1～1.5kg，松扎袋口，放入室内冷凉处，夏季可贮藏 4～7 天，秋冬季室内温度较低时可贮藏 8～15 天。

2. 筐贮法　采前将筐及草袋清洗干净并消毒，再将草袋浸湿铺在筐底及四周，入筐时无刺小黄瓜柄朝里，头朝筐壁，层层码至离筐口 3～5cm 为止，筐面上用消过毒的湿麻袋盖上，湿度以不滴水为宜。贮藏期间，每隔 5～7 天检查 1 次，及时挑出蔫蔫瓜条以防腐烂。

3. 盐水保鲜法　在水池里放入食盐水，将无刺小黄瓜浸泡其中，3～5 天换 1 次水。在 18℃～25℃ 的常温下运用此法，无刺小黄瓜可保存 20 天。

4. 地窖贮藏法　挖长 6.5m、宽 2m、深 1.5～2m 的地窖，窖帮、窖底和四壁铺上脱叶的秸秆，然后码放无刺小黄瓜，一般不高过 0.7m，随时注意检查，剔除腐烂果。运用此法可贮藏 30～50 天。

5. 沙藏法　将河滩细沙洗去土，放入锅内炒干消毒，凉至室温后喷水湿润，在容器底部铺 2～3cm。码一层无刺小黄瓜，铺一层沙，顶部用沙覆盖。将容器放入阴凉室内或窖内，7℃～8℃下存放 20～30 天，可保持黄瓜色香味正常。

6. 气调贮藏法　贮藏温度为 10℃～13℃，控制含氧量在 2%～5% 以下，用 0.1%～0.2% 甲基托布津加 1∶5 虫胶混合液涂被，在气调帐内放置用高锰酸钾饱和液浸泡的砖块载体，以吸收乙烯，延缓后熟过程。

7. 涂膜保鲜法　采用一定量的蔗糖脂肪酸酯，加入定量的水，加热至 60℃～80℃，搅拌溶解，并缓慢加入一定量的海藻酸钠，继续搅拌至充分溶解，冷却至室温备用。将黄瓜浸到涂膜液中，浸渍 30 秒后取出无刺小黄瓜自然风干，用塑料袋包装后放至室温下贮藏。运用此法可贮 10 天以上。

练习题

1. 无刺小黄瓜的主要品种有哪些？

2. 简述无刺小黄瓜病害防治技术。

3. 无刺小黄瓜育苗技术包括哪些内容？

4. 塑料袋装贮藏无刺小黄瓜的方法有哪些？

5. 无刺小黄瓜主要病害有哪些？如何防治？

6. 如何采收无刺小黄瓜上市？

7. 无刺小黄瓜植株如何调整？

第五章　五　彩　椒

　　五彩椒，又名朝天椒、五彩辣椒，是辣椒的变种，为多年生半木质性植物，原产于热带，现我国各地均有栽培。株高30～60cm，茎直立，常呈半木质化，分枝多，单叶互生。花单生叶腋或簇生枝梢顶端，花白色，形小不显眼。花期5月初到7月底。

　　五彩椒生长的适宜温度为25℃，低于10℃不能发芽，当土温稳定在10℃以上时，即可播种。五彩椒性喜阳光充足、温暖湿润的环境，不耐寒冷和干旱，对土壤要求不严，但以肥沃、湿润、排水良好的沙质壤土为宜，可用园土、堆肥混合配制。

第一节　品　　种

一、佛手椒

　　该品种植株矮壮，株高约30cm，分枝性强。果实圆锥形指状，9～17枚簇生于枝端，长短不定，形如佛手而得此名。果实长4～5cm，在成熟过程中由乳白色变成黄、橙、红等颜色，色泽鲜艳，味甚辣，具有很高的观赏价值和食用价值。

二、樱桃椒

　　该品种果实球形，似樱桃，果径1cm左右。果实在生长过程最初是紫色，随着不断成熟变成浅紫色、黄色、橙色，最后变为大红色，同一株上各种颜色的果实同时存在，也称五彩椒或万紫千红。茎秆多为紫色，叶为深绿偏紫色，花紫色，植株紧凑，果实对生或散生于叶腋。

三、珍珠椒

该品种株高 20～25cm，分枝多，株形优美、果多。果实球形，果梗直立，果径 0.5～0.8cm，味辣、散生。果实未成熟时为乳白色、成熟后为鲜红色。花为白色，叶片深绿细小，较耐阴，易管理，观果期长，因株形小巧玲珑，室内陈设颇为别致新颖，是家庭用来盆栽观果的最佳品种之一。

四、朝天椒

该品种植株挺秀，分枝稍少。果实细长，长 2～3cm，果梗直立向上指天，散生。果皮颜色由绿变橘红到大红。

其他品种还有风铃辣椒、羊角椒、太阳椒等。

第二节　生物学特征

一、植物学特性

（一）根

五彩椒的根系属直根系，根系不发达，根较细，根量小，入土浅。

（二）茎

五彩椒的茎直立，老茎木质化程度较低。分枝能力强，分枝习性为双杈或三杈分枝，株高 30～60cm。

（三）叶

单叶互生，卵状披针形或矩圆形，全缘，有叶柄。

（四）花、果实和种子

五彩椒的花小，单生或数朵簇生于枝端，有梗。花冠辐射状 5 裂，花色有白、绿、浅紫和紫色。花期 6～9 月。浆果直立或稍倾斜向上。果形因品种而异，有长指形、樱桃形、角锥形、羊角形、风铃形等。果色有黄、红、橙、紫、白和绿色。观果期为 8～10 月。

二、生长发育过程

五彩椒原产于美洲热带,我国各地均有栽培。幼苗生长要求较高温度,随着植株的生长,对温度的适应能力逐渐增强,生长发育适温为 25℃～28℃。五彩椒既不耐旱,也不耐涝,还怕霜冻,喜阳光充足、温暖、干燥的环境;适于在排水良好、肥沃而湿润的壤土或沙壤土中生长,耐肥力较强;属短日照植物,对光照要求不严,但光照不足会延迟结果期并降低结果率,高温、干旱、强光直射易发生果实日灼或落果。结果期要求干燥空气,雨水多则授粉不良。

三、对环境条件的要求

(一)温度

种子发芽的适宜温度为 20℃～30℃,低于 15℃或高于 35℃时都不能发芽。植株生长适温为 25℃～28℃,开花结果初期温度宜稍低,盛花盛果期温度宜稍高,夜间适宜温度为 15℃～20℃。

(二)光照

五彩辣椒对光照强度的要求不高,在茄果类蔬菜中属于较适宜弱光的作物,适宜的光补偿点为 1 500lx,光饱和点为 3 000lx,光照过强,抑制辣椒的生长,易引起日灼病;光照过弱,植株易徒长,导致落花落果。五彩辣椒对日照长短的要求也不太严格,应尽量延长棚内光照时间,有利果实生长发育,提高产量。

(三)水分

五彩辣椒的需水量不大,但对土壤水分要求比较严格,既不耐旱又不耐涝,生产中应经常保持土壤湿润,见干见湿,空气湿度保持在 60%～80%。

(四)土壤

以土层深厚、排水良好、疏松肥沃的土壤为好,对氮、磷、钾三要素的需求比例大体为 1∶0.5∶1,且需求量较大。

第三节 栽培技术

一、露地栽培

（一）播种育苗

春栽一般在3月中下旬采用塑料薄膜育苗，要求地温稳定在10℃以上。夏季育苗要在4月下旬至5月上旬，春直播地温必须稳定在15℃以上。播种前最好采用温水浸种催芽，待露出白色芽尖时点播，穴播3粒，随即盖上1cm厚的湿润土。育苗的苗床应选在背风向阳处，床宽以1m为宜，床面上铺肥沃细土，整平床面，灌足水，待水渗入土层后即可撒播种芽，同时盖一层细沙土，以不见种芽为准。最后再均匀撒一层草木灰，用竹支架搭上拱棚。拱棚高出地面1m，盖膜封严，待幼苗长出3片真叶时，根据天气情况揭膜、通风、炼苗，防止强光照烧苗，同时要及时间苗，苗间距以4cm见方为宜，另外苗期要用抗枯宁或百菌清、硫酸铜同时加入0.5%的磷酸二氢钾，均匀喷雾2～3次，可增强植株抗早期落叶病的能力。

（二）整地与定植

定植前应翻土，施用基肥。整地后，为了减轻栽培过程中病虫害的侵害，于定植前进行大棚消毒，具体的做法是：按每立方米空间用硫黄5g、80%敌敌畏0.1g和锯屑10g，混匀点燃；封闭一昼夜后，打开棚门，进行通风；再关闭棚门，提高棚温，以待定植。定植以垄作为主，每垄定植2行，株距30～35cm，每667m² 定植2 500株左右。定植后及时浇定植水，以利缓苗。

（三）田间管理

定植初期不通风，保持高温高湿，以利缓苗。缓苗后逐渐进行通风锻炼，白天最高温度保持在26℃～28℃、夜间保持在15℃～20℃。随着天气转暖，要逐渐加大通风。定植前浇足底水，定植时浇定植水。在缓苗过程中，若土壤较干，可于上午在叶面喷水（可加 0.4%磷酸二氢钾，以促使提早缓苗）。春前定植缓苗后，高垄栽培的浇 1～2 次水即可，非高垄栽培的直到门椒膨大时才浇水。浇水时进行追肥，每 667m² 施硫酸铵 25kg、硫酸钾 10kg。此后根据生长情况决定浇水、追肥的次数和数量。为提高大棚五彩辣椒的着果率和产量，可应用植物生长调节剂。生长后期将植株下部的老叶及细弱的枝杈除去，以节省养分，加强通风透光。

（四）果实采收

露地栽种的五彩椒果实一般在 8 月中下旬开始陆续成熟，应及时采剪以利增收，提高经济效益。剪下的成熟椒可上市也可串挂在通风干燥处晾晒成椒干，以备食用或作为商品椒出售。

二、保护地栽培

（一）品种选择

选择适宜的品种是搞好五彩椒栽培的第 1 关，冬季栽培五彩椒应选择耐低温、耐弱光、易坐果、果形正、肉厚、个大、颜色明亮、抗病的品种。

在温室里栽培彩椒品种主要有以下 4 种类型：

1. 绿变红彩椒　幼果期为绿色，成熟时呈鲜红色或橙红色，单果重 100～150g，果形为长灯笼形，主要品种有红英达、安达莱、圣方舟、麦卡比、HA-1195、FAR-3。

2. 紫变红彩椒　幼果紫色有光泽，成熟时渐变为红色，老熟后呈暗红色。平均单果重 80g，长灯笼形，多数为中熟品种，主要品种有紫美丽、紫贵人。

3. 黄色彩椒　有些品种的幼果就是黄色；有些品种的幼果为绿色，成熟果为黄色。单果重 80～120g，果实为灯笼形，多是中熟或晚熟品种。主要品种有橘西亚、黄欧宝、831、黄长宝、HA-490、HA-1134。

4. 象牙白彩椒　幼果象牙白，成熟后转为橙黄色或橘黄色，平均单果重 80～120g，果实灯笼形或长圆锥形。主要品种有白公主、赛嫩娜、伞麦、980202。

另外，水日系列的彩椒品种有红、黄、橙、紫、白、绿色共6个系列，味甜品质好。

（二）保护地五彩椒不同茬次栽培时间

1. 秋冬茬　秋天定植，冬天达到采收高峰的茬次称为秋冬茬。采收期可一直到第2年11月份。育苗移栽的五彩椒要想在春节前大量上市，需要转色的品种在7月1～10日育苗，8月中下旬移栽，如橘西亚、黄欧宝、麦考比；不需转色的品种，在7月底至8月上旬育苗，9月中下旬移栽，如白公主、紫贵人。平茬更新是指利用冬春茬或早春茬的彩椒，在产量较低时，经剪枝更新后，进行越夏栽培，然后再转入秋冬茬生产。

2. 冬春茬　冬春茬五彩椒在8月上中旬播种育苗，10月下旬至11月上旬定植，12月上中旬开始采收成熟果的一茬。此时在12月上中旬开始采收，正值元旦和春节销售旺季，是日光温室五彩辣椒生产中最主要的一茬。

3. 早春茬　在2月初定植，3月中旬前后开始收获的茬次称为早春茬，一般在11月下旬至12月上旬播种育苗，也可在11月上中旬播种育苗。同其他早春茬茄果类栽培一样，这一茬对温室的要求不高。

（三）适时培育壮苗

由于五彩椒前期和中期结果的花芽是在苗期进行分化的，因此培育适龄大壮苗对提高前期、中期产量有重要作用。适龄大壮苗的主要形态特征是苗高18～22cm，茎粗壮敦实，单株有9～13片展开叶，叶片肥厚，叶色深绿具有光泽；根系发达，乳白色，无病虫害。

1. 育苗时期的确定　冬春茬五彩椒要想在春节前10天大量上市，需要转色的品种育苗时间在7月下旬至8月上旬，8月下旬至9月上旬移栽；果实不需转色的，8月上、中旬育苗，9月底至10月初移栽。

2. 浸种催芽 为保证种子出苗整齐，不带病菌，播种前必须进行消毒处理。消毒方法是：将高锰酸钾与适量的水配成0.1%的水溶液，把种子倒入，搅拌浸泡30分钟。然后用次氯酸钠配成10%的水溶液，将浸泡后的种子捞到次氯酸钠溶液中，搅拌、浸泡20分钟。将种子用清水冲洗3~4次后，倒入55℃温水中，不停搅拌，直到水温降到30℃后，静置浸泡3小时左右。通过以上处理可以杀灭种子上携带的病菌。浸种后，用温水冲洗2~3次，捞出，用消过毒的细纱布包好种子，放在25℃~30℃的地方催芽，一般4~5天出芽。有的种子在出售前已经经过高温处理，播种前只进行浸种催芽即可。

3. 育苗畦的准备 冬春茬五彩椒的育苗期在强光、高温、多雨的夏末秋初，育苗场所应选在日光温室内，并提前在温室上加盖遮阳网和防虫网。

使用营养钵育苗时，基质一般采用草炭与硅石按3:2的比例配制。最好采用3份硅石、1份珍珠岩、1份土、1份草炭的方法配制基质。基质过筛后，用50%多菌灵可湿性粉剂500倍液，向基质上边喷雾边翻倒，使基质与药液掺匀。然后，将基质装入育苗盘中，放到育苗场地，洒水后准备播种。使用土壤育苗时，要先配制营养土。每10m^{2}育苗畦加入优质腐熟基肥100kg、三元复合肥500g，充分混合均匀并过筛，在温室中间部位做平畦，播种前一天浇足底水。

早春茬五彩椒在寒冷期育苗，育苗地应选择在日光温室或改良阳畦内，最低温度不低于8℃。

（四）播种

1. 有土育苗播种 选晴天中午，将出芽的种子与细沙混合均匀，撒播在育苗畦内。播后覆盖0.5cm厚拌有杀菌剂的细潮土，杀菌剂可选用多菌灵，拌药，用量为10g/m^2，防猝倒病发生。

2. 基质育苗播种 采用基质育苗时，水渗下后，每穴内播1~2粒种子，然后覆盖1~1.5cm厚基质，稍加镇压即可。夏季也可播没有催芽的种子。

（五）苗期管理

播种后 2～3 天内，白天温度保持在 30℃～35℃、夜间保持在 15℃～20℃，促进出苗整齐。出苗后，为防止幼苗徒长要适当降温，白天温度保持在 25℃～28℃、夜间保持在 14℃～17℃。温室内温度过高时，应在晴天上午 10 点至下午 3 点使用遮阳网遮阴降温。基质育苗时应加强浇水，防止干旱，如天气晴朗，应每天浇 1 次水，微喷最好，既可补充水分，又可降低空气温度。

采用有土育苗时，当幼苗长到两叶一心时进行分苗。分苗后保温促缓苗，白天温度保持在 26℃～28℃、夜间保持在 18℃～20℃。缓苗后，适当放风炼苗，白天温度保持在 26℃、夜间保持在 16℃。定植前一周适当降温炼苗。用穴盘育苗的需两天左右浇 1 次水，并 4～5 天浇营养液 1 次。营养液中除了氮、磷、钾元素以外，还应注意补充钙、硫、镁、铁、硼等微量元素。这一时期应注意蚜虫、白粉虱的防治。播种后 40～50 天，一畦畦标准的五彩椒苗就育成了。

（六）定植

定植前要将温室准备好。先进行施肥耕翻，每 667m² 施优质腐熟有机肥 5 000kg、三元复合肥 40kg，用旋耕机耕翻或人工翻土，使土肥混合均匀。定植前 15 天作畦。长年栽培的，0.9～1m 一畦，小高畦滴灌，单行，株距 0.3m；矮化密植的，1.2m 一畦，瓦垄畦暗灌，双行，株距 0.3m。随后将温室的棚膜盖上，高温密闭闷棚 7 天左右，杀死大棚内表层的病菌和害虫。当幼苗长到大壮苗时，可选晴天上午定植。在移栽定植前要向育苗畦或盘中浇水以利缓苗。密植栽培的，定植密度为 60cm×30cm，每 667m² 栽 3 700 株；长年栽培的，定植密度为 90cm×30cm，每 667m² 栽 2 400 株。温室南部光照强应密一些，北部稀一些，定植深度以平坨为准。

（七）定植后的管理

1. 温度和放风管理　温度和放风是紧密相关的。定植后 3～5 天少放风，使温室内的温度迅速提高至 33℃～35℃，以加速缓苗，一般 5～6 天缓苗结束。但应注意以下三点：一是上好棚膜避雨，前窗、天窗同时大开，通风降温。二是在所有通风窗口上设 40 目的尼龙纱网避虫，防止有翅蚜、白粉虱等害虫侵入棚内为害植株，传播病毒病。三是覆盖遮阳网，防止秧苗因强光高温、蒸腾量过大而萎蔫。

早春茬彩椒的定植期是一年中最寒冷的"大寒"至"立春"时期，为使温室五彩椒定植后及时缓苗，要适时揭盖草苫，保证温室内日照不短于 8 小时，室温保持在白天 25℃～30℃、夜间 15℃～18℃，凌晨短时最低温度不低于 12℃。坚持中午 1～2 个小时开天窗放上风，以便通风、降温、排湿，使空气相对湿度白天不高于 70%，夜间不超过 80%。当棚内气温降至 26℃～28℃时关闭天窗；棚内气温降至 20℃～21℃时，盖草苫，并加盖薄膜保温。缓苗后降低温度，白天温度保持在 26℃～30℃，夜间保持在 15℃左右。要多准备几只温湿度计，挂在温室的不同部位，使温室温度管理有据可依。

到了开花坐果期，白天温度保持在 25℃～28℃、夜间保持在 15℃～20℃，1～2 月最冷时注意防寒，一是下午尽量早放草苫，二是在温室南部内尽早增加裙膜保温或在温室内增加二层覆盖，晚上也可在温室外增加一层废旧薄膜或无纺布保温。春天当外界最低温度达 15℃以上时，可昼夜大通风。

2. 水肥管理　定植后浇足定植水，促进缓苗。结束蹲苗时，结合浇水每 667m² 追施硫铵 15～20kg。这时要用塑料地膜将垄顶或大小行的小行垄间覆盖，以减少地表蒸发，降低温室湿度。有条件的温室要采用滴灌浇水，既节约用水，又有利于土壤结构的改善。蹲苗后，每 7～8 天浇 1 次水，追 1 次肥。五彩椒采收后，适当控水以利上部坐果。盛果期要增加浇水追肥的次数和量。为促进果实迅速生长、膨大，可喷施磷酸二氢钾、尿素等叶面肥。

3. **植株调整** 有一个合理的植株架构和果实负载量是温室越冬栽培五彩椒的重要步骤之一。

（1）长年栽培的植株不留门椒，采用双干整枝，为增大初期叶面积可留门斗的分枝，其上留 4～5 片叶，全株留 4～5 个果，疏花疏果，尤其畸形果要及早疏掉。以后留果也要根据植株长势，较旺植株留 4～6 个果，小苗、僵苗留两个果或不留果。

（2）密植时可不去门椒，四门斗或小侧枝不留果。

（3）双干整枝后，每叶腋处最好留两片叶。

（4）打枝越冬。有果的地方留足够的营养叶，将其余的侧枝拿去，改善光照，集中营养长果。最后留 3 个左右的主枝。每个花序留 1 个果实，在春节前后可采收一茬果实上市。

（5）5 月中旬摘除下部老叶、黄叶，留 2～3 片功能叶，以后随摘果随打掉下部老黄叶。

三、病虫害防治

（一）病害

疫病苗期和成株期均发病，从 11 月下旬开始。

1. **种子消毒** 用 52℃温水浸种 30 分钟，或 1％硫酸铜浸种 5 分钟，捞出后拌少量草木灰；也可用 72.2％普力克浸 12 小时，洗净、晒干、催芽。

2. **定植后喷雾或灌根** 用 50％甲霜铜 800 倍液，或 70％乙膦·锰锌 500 倍液，或普力克 600～800 倍液，或克露每 667m² 每次用药 100g；浇水前每 667m² 撒 96％以上硫酸铜 3kg；初期每 667m² 用 45％百菌清烟剂 250g 或百菌清粉尘 1kg，9 天用 1 次，连用 2～3 次。叶霉病为冬季重点病害，12 月易发生，用加瑞农等进行防治。防治疮痂病用新植霉素 4 000 倍液，或 72％硫酸链霉素 4 000 倍液，或 77％可杀得 5 000 倍液喷雾。

（二）虫害

蚜虫采用敌敌畏熏蒸，每 667m² 每次用药 200g，也可用 40％菊·马乳油 2 000 倍，或 5％功夫 3 000 倍液，或 10％一遍净每 667m² 每次 10g 喷雾。防治白粉虱可用扑虱灵或天王星每次用药 1g，消灭蚜虫、白粉虱的同时，减少了病毒病的发病率。烟青虫在幼虫尚未蛀入果内时施药，可用灭杀毙 6 000 倍，或天王星 3 000 倍，或菊·马乳油等。茶黄螨在 9～10 月和翌年 4～5 月易发生，可用 73％克螨特乳油 2 000 倍（小苗易出现药害）进行防治。斑潜蝇可用斑潜蝇杀星 2 000～2 500 倍液，或阿维菌素类药剂 2 000～3 000倍液，或沙蚕毒类药剂 1 500～2 000 倍液进行防治。

四、贮藏与保鲜

首先将采摘的五彩椒严格挑选，分级管理，将有病虫害和机械损伤的级外果剔除。用保鲜剂喷雾处理，放入底部有孔隙的筐内，每排放 1 层、喷雾 1 次，放 3～4 层。排放方式应以侧放或倒放为主。晾干后放入半地下贮藏通风库。库内温度控制在 18℃以下，库内湿度应控制在 85％～90％。如果湿度过低，则可采用在库内挂湿麻袋来增湿；如果湿度过高，则可通过自然通风和强制通风或在库内放置生石灰来调节。

练习题

1. 简述保护地五彩椒不同茬次的栽培时间。
2. 五彩椒定植后对温度如何管理？
3. 五彩椒疫病如何防治？
4. 五彩椒如何浸种？
5. 简述五彩椒对环境条件的要求。
6. 试述五彩椒植株调整方法。
7. 温室五彩椒的主要类型有哪些？

第六章　紫背天葵

　　紫背天葵别名两色三七草、紫背菜、红背菜、血皮菜、观音菜等，属于菊科三七草属，多年生宿根草本植物，全株肉质。原产于中国，在广东、海南、福建等地均有分布。

　　紫背天葵性喜温暖、湿润，生长适温为20℃～25℃，耐高温多雨，抗逆性强，适应性较广，在夏季高温条件下生长良好；但不耐寒，10℃以下生长不良，遇霜冻凋萎。

　　紫背天葵食用的部位为嫩茎叶，质地柔软嫩滑，风味特殊，因叶背为紫色才被形象地称为紫背天葵。紫背天葵含有较为全面的营养成分，除一般蔬菜所具有的营养物质外，还富含黄酮类化合物，以及铁、锰、锌等对人体有益的微量元素，其中每100g鲜食部分含铁7.5mg，是大白菜、萝卜和瓜类蔬菜含量的约30倍，与芹菜等含铁量高的蔬菜相当，每100g鲜食部分含锰8.13mg，长期食用此菜具有治疗咯血、痛经、血气亏、支气管炎、盆腔炎和缺铁性贫血等病症的功效。我国南方一些地区把紫背天葵作为一种补血的良药，是产后妇女食用的主要蔬菜之一。

第一节　品　　种

一、红叶种

　　叶背和茎均为紫红色，新芽叶片也为紫红色，随着植株的成熟，茎逐渐变为绿色。根据叶片大小，又分为大叶种和小叶种。大叶种，叶大且细长，先端尖，黏液多，叶背、茎均为紫红色，茎节长；小叶种，叶片较少，黏液少，茎紫红色，节长，耐低温，适于冬季较冷地区栽培。

二、紫茎绿叶种

茎基淡紫色，节短，分枝性能差，叶小，椭圆形，先端渐尖，叶色浓绿，有短绒毛，黏液较少，质地差，但耐热性和耐湿性强。

第二节　生物学特征

一、植物学特性

（一）根

紫背天葵的根系发达，侧根多，再生能力强，耐旱，耐热，耐阴，耐移植。

（二）茎

紫背天葵株高 50～60cm，茎绿色，节部带紫红色，节间易生不定根，易于扦插繁殖。

（三）叶

紫背天葵的叶长卵形，互生，长 15～18cm、宽 3～5cm、厚0.1cm，先端渐尖或急尖，叶缘有锯齿，叶色深绿，叶背紫红色，具蜡质，有光泽。

（四）花、果实和种子

紫背天葵深秋至冬季开花，两性管状花，黄色，栽培中少见开花，在北方秋季虽能开花但不结实。

二、生长发育过程

紫背天葵属多年生草本植物，多利用扦插、分株等无性繁殖方法繁殖，一般生产中都不经历完整生长发育过程。

三、对环境条件的要求

（一）温度

紫背天葵为喜温性植物，耐热、不耐寒，最适宜的生长温度白天为 20℃～30℃、夜间为 10℃～12℃，能耐 3℃～5℃的低温，遇霜冻枯死，因此在北方不能露地越冬，需在初霜前挖出植株，存放在保护地内越冬。

（二）光照

紫背天葵对光照要求不严，喜强光，较耐阴，可在背阴地边或连阴雨条件下生长，但充足的日照条件可使植株生长更加旺盛，有利于提高产量。

（三）水分

紫背天葵喜湿润的生长环境，土壤水分充足有利于植株生长，产量高，品质好。植株耐旱性较强，在较干旱的条件下仍可缓慢生长。

（四）土壤和营养

紫背天葵对土壤的适宜性很强，极耐瘠薄，但在高产栽培时应选择肥沃的土壤。植株需氮素最多，其次是钾、磷。因多次陆续采收，除施足有机肥做基肥外，生产期间还应多次追肥。

第三节　栽培技术

一、露地栽培技术

（一）种苗繁育

1. 扦插育苗　紫背天葵在北方地区栽培不能露地越冬，需在保护地内保存母株，春季从母株上剪取枝条繁育种苗。当秋季气温降至 10℃ 以下时，植株生长缓慢，在田间选取健壮、无病植株，连根挖出，栽植在日光温室内，密度可大些，株行距为 40cm×25cm，栽后及时浇水，冬季调节好室内温度，白天温度保持在 15℃ 以上、夜间温度保持在 5℃ 以上，防止蚜虫、白粉虱和病害的侵害。

在春季的 2～4 月和秋季 8～10 月在保护地内进行扦插，育苗床用洁净的细沙土 2 份、草炭 1 份混合均匀，也可用疏松、细碎的园田土做床，但不方便施肥，最好采用 72 穴塑料盘或 6cm×

6cm 营养钵，育苗时以草炭、细沙为基质。从无病、健壮的母株上剪取 8～12cm 长的枝条，剪去顶部 8cm 长的幼嫩部分，每段带 3～4 片叶，将基部 1～2 片叶摘掉，并将基部剪成马蹄形，在黄腐酸溶液中浸 10 分钟，或蘸少许生根粉溶液，将枝条斜插入基质中约 2/3。浇透水后，苗床上支上拱架并盖一层塑料薄膜，以利保温保湿，扦插后使拱棚内温度保持在 20℃～30℃。土壤以湿润为宜，湿度不能过大，以防腐烂，夏季中午强光照时要加盖遮阳网。插后 20～30 天，长出两片新叶、根系充分生长时就可以定植了。

2. 种子繁殖 秋季 9～10 月选无病健壮苗定植在日光温室内，调节适宜的温度和光照。一般于 6～7 月种子成熟，当花朵上吐出白絮时立即采收种子，风干后保存。于秋季播种育苗，宜采用营养钵或穴盘育苗，以草炭和蛭石作为基质，保持湿润，播后 10 天左右可出苗；带 5～6 片叶稀植在保护地内，做好肥水和温度管理，及时防治蚜虫，成株后剪取枝条扦插，扩大种苗。用种子培育的新苗的叶片肥大，植株健壮，无病毒感染，容易达到优质高产。

（二）栽培技术

1. 定植 应选择土层深厚、地力肥沃、土质疏松的地块种植，每 667m² 施用腐熟有机肥 3 000kg 以上，整成 1.3m 宽、6～8m 长的平畦，每畦栽 3 行，行距 45cm，株距 25～35cm，每 667m² 栽 4 000～6 000 株，栽后及时浇水。

2. 田间管理

（1）中耕除草 缓苗后要及时中耕松土两次，由浅入深以促进根系生长，提高地温。随时拔除杂草。

（2）浇水 适宜的水分供应有利于茎叶生长，能够提高产量，改进品质。以小水勤浇为宜，保持土壤经常处于湿润状态，不要过分干旱和大水漫灌。

（3）追肥 在施足基肥的基础上，采收期间，每隔 15～20 天追肥 1 次，可每 667m² 穴施有机肥 100kg 或氮磷钾三元复合肥

20kg，结合浇水进行。间隔 7～10 天叶面喷肥 1 次，连喷 3～4 次，用 0.3%的磷酸二氢钾溶液加 0.5%的尿素溶液混合喷施。

（4）调节温度、通风换气　不同季节在保护地种植，要根据季节和气候条件采取保温和降温措施，使植株在适宜的温度条件下生长。

（5）清理残枝叶　在生产中要及时清理掉基部的老化枝条、黄叶及老叶，以利通风透光和减少养分消耗。在定植 20 天左右，植株高度达到 25cm 时，摘取顶端嫩梢，以促进分枝萌生。以后陆续采收嫩梢和嫩叶，嫩梢的长度为 10～15cm，采好后捆成 150g 一小把或装在盒里并覆保鲜膜出售。采收时最好用剪刀，剪完有病毒株时要用高锰酸钾溶液消毒。植株或分枝基部要保留 2～4 片叶，以利分枝的生长。一般春秋季 10 天左右采收 1 次，夏季和冬季 15 天左右采收 1 次。

二、保护地栽培技术

（一）保护地设施的选择

紫背天葵为喜温类蔬菜，应选择保温效果较好的种植设施，保温效果好的大棚、温室等设施均可。

（二）育苗和苗期管理

1. 分株法　将地下宿根挖起，去除病残植株后切成数株，每穴 1 株，在秋末将露地植株分株到保护地或在春季将保护地植株分株到露地。

2. 扦插法　一般于春季 2～3 月和秋季 8～9 月进行扦插。可用细沙和草炭拌匀做苗床，一般不用施肥，或加入少量速效氮肥。先从无病健壮植株上剪取 6～8cm 长的嫩枝条，要有完好的节部。扦插时行距 30cm，株距 10cm，将剪取的枝条斜插入苗床，入土深度为 1/3～1/2，插好后喷水浇透，苗床上支上小拱棚盖膜，保温保湿，在 20℃～25℃条件下 15～25 天枝条长出新叶并发出许多地下根。苗期湿度不宜过大，防止腐烂，也不宜过干而影响生根；温度控制在 20℃～25℃即可，温度过高、光照过强时，适当加盖遮阳网，苗期进行 1～2 次中耕除草。

3. 田间管理　选择土层深厚、地力肥沃、土质疏松的壤土和沙壤土地，深翻土层，同时每 667m² 施入腐熟的有机肥 2 000～3 000kg，整地做平畦，畦宽 1.2m，每 667m² 定植 4 000～6 000 株。定植后白天温度保持在 15℃以上、夜间不低于 10℃，否则植株生长缓慢，甚至发生冻害。整个生长期浇水要均匀，植株生长旺期封垄后，每次中耕的同时应适当打掉植株基部的老叶，以利于新枝萌发和通风透光。每次采收后，每 667m² 追施氮肥 10～15kg，中耕除草，保土保墒。

4. 采收　定植 20～30 天后开始采收，以嫩梢为产品，采收标准为梢长 10～20cm，第 1 次采收时基部留下至少 2～3 节叶片，用来萌发新的嫩梢，在适宜的条件下每 7～10 天采收 1 次，采收时应严格标准，不宜过长和过短，否则会影响品质和降低产量。

三、病虫害防治

（一）病害

紫背天葵病毒病发病时，叶面出现深浅不一的斑驳条纹和病斑，叶面皱缩、变小，此时应及时拔除病株，用 5％菌毒清可湿性粉剂 500 倍液或 20％病毒宁 500 倍液，隔 10 天喷药 1 次，连续防治 2～3 次。

（二）虫害

蚜虫、温室白粉虱可用扑虱蚜连续多次防治，采收前 10 天停止用药。

练习题

1. 紫背天葵为什么用扦插繁殖？如何操作？
2. 紫背天葵病毒病的症状怎样？如何防治？
3. 简述紫背天葵对环境条件的要求。
4. 紫背天葵如何进行田间管理？
5. 紫背天葵的主要虫害有哪些？如何防治？
6. 简述紫背天葵的田间管理方法。

第七章　香　葱

　　香葱别名细香葱、细葱，属于百合科葱属，多年生草本植物，原产于欧洲冷凉地区，北美、加拿大、北欧以及亚洲均有野生种，现广泛分布于热带、亚热带地区。在我国的华南、华中、华北以及东北地区均有广泛栽培，簇生草本。香葱鳞茎不膨大，不明显，只外包鳞膜；叶基生，线形，中空，绿色；花茎由叶丛中抽出，与叶等长或稍短；头状花序顶生，花多数，花冠粉红色或紫色；蒴果近圆形，细小。花期6月。

　　香葱含有较高的碳水化合物、蛋白质、维生素C、磷、硫化丙烯，是良好的餐饮佐料，具有增进食欲、防止心血管病的作用。以前香葱主要作为宾馆、饭店常用的香辛调料和方便面的脱水蔬菜调料，近年来已走进寻常百姓家，成为做鱼、虾和汤的调味蔬菜，在我国北方已成为鲜食蔬菜品种的一员，深受人们的欢迎。由于良好的品质、风味，香葱作为出口的蔬菜品种也获得了较好的经济效益。

第一节　品　　种

一、细香葱

　　该品种植株矮小，直立，丛生，分蘖力强，株高33～50cm；茎淡绿色，较短，占株高的1/4左右，基部有短小洁白的鳞茎；叶片筒状，中空，四季青绿。茎、叶四季可以采用，质地细嫩，青白、色美，香味浓郁，品质优良，开花结籽习性较差，种子量少，且不饱满。籽粒黑色，多呈橘瓣形，千粒重2g左右。该品种比较耐旱，不耐涝，适应性广，抗病虫能力强，栽培管理比较容易，一般每 667 平方米产 1 000～2 000kg。

二、兴葱 21 小香葱

该品种性喜冷凉，耐寒性和耐热性较好，对光照强度要求不高，适宜生长温度为 12℃～23℃，在 25℃以上的高温和强光下植株变矮，叶管变细，－5℃以下生长减缓。一年四季均可栽植，春秋两季生长快，一般每 667m² 产 3 500～4 000kg。

三、德国全绿小香葱

该品种根系发达，生命力强，可生长两年以上。植株直立，株高 45～50cm，叶片细长，叶色浓。该品种质地柔嫩，香味较浓，味微辣稍甜，口感佳，品质好。

四、黑千本香葱

该品种生长快，生长期短，从播种到采收一般需 50～60 天，叶色浓，味微辣稍甜，口感佳，密植抗倒伏，抗病力强，较耐霜冻，短期低温（－5℃以上）仍保持叶色青绿，适采期长，采收一般可延续到土壤封冻前，适播期长，基本实现周年种植。

五、上海四季香葱

该品种株丛直立，分枝多，株高 15～20cm，管状，叶绿色，抗逆性强，由上海农科院育成，在国内南北方均可种植，生长速度快，清香可口，市场销售好，四季都可播种，以春秋两季播种产量最高，按当地种植习惯种植即可，易种植，好管理。

第二节　生物学特征

一、植物学特性

（一）根

香葱的根为白色，根须弦状，平均长 15～25cm，无根毛，吸收肥水能力较弱。

（二）茎盘

香葱的地下茎盘短缩成扁球形，黄白色，叶片呈同心环状着生在地下茎盘上。

（三）假茎

香葱的假茎白色、细长，由叶鞘抱合而成。

（四）叶

香葱的幼叶初伸出叶鞘时实心，黄绿色；成龄叶绿色，管状中空，先端圆锥形，表面有白色蜡状物，是耐旱的象征。

二、生长发育过程

（一）发芽期

从播种到第1片真叶出现为发芽期。在适宜发芽条件下，以种子吸水，种胚萌动，胚根及子叶尖端生长，到第1片真叶生长，主要依靠种胚贮藏的养分供发芽期生长需要，一般发芽期需9～15天。

（二）幼苗期

从第1片真叶出现到定植大田为幼苗期。在秋播条件下，从第1片真叶出现开始，气温逐渐降低，植株生长缓慢，但有利于根群生长。第2年春季气温转暖后，植株生长旺盛，施提苗肥，及时间苗除草，促进幼苗生长。一般从幼苗出土至定植需80～90天。

（三）葱白形成期

香葱定植后，经10天左右的短时期缓苗就能进入葱白形成期。定植后，要勤施肥水，促进植株生长和营养物质的积累，使假茎迅速伸长和增粗，充实假茎，促进葱白生长，对提高香葱品质和产量有重要作用。

三、对环境条件的要求

（一）温度

香葱喜凉爽气候，耐寒性和耐热性较强，发芽适温为13℃～20℃，茎叶生长适宜温度为18℃～23℃，根系生长适宜地温为14℃～18℃，28℃以上时生长速度慢。

（二）水分

香葱因根系分布浅，需水量比大葱要小，不耐干旱，适宜土壤湿度为70％～80％。在幼苗期和假茎膨大期适当浇水是夺取香葱高产的重要措施。葱叶表面蜡粉较多，水分蒸发量小，植株耐旱能力较强。香葱生长适宜的空气相对湿度为60％～70％，如果空气湿度过大，则容易发生病害。因此，在香葱栽培上，要根据不同生长时期气候特点和需水要求进行肥水管理。

（三）光照

香葱叶筒状，叶面积小，受光状况良好，在密植情况下，不需较强的光照也能良好地生长。光照过强时，叶片易老化，纤维增多，品质下降，食用价值降低；光照过弱时，光合作用差，积累营养物质少，叶片黄化，产量降低。

（四）土壤条件

香葱根系少，分布在表土层，适于在中性土壤上生长。植株适合在疏松、肥沃、排水和浇水都方便的壤土和重壤土地块种植，不适合在沙土地块种植，氮、磷、钾和微量元素应均衡供应，不能单一施用氮肥。香葱软化栽培对土质要求比较严格，一般要求在土层深厚、保水保肥力较强、疏松肥沃、通透性良好的沙壤土上栽培最好，既便于松土，又易培土，软化栽培容易获得高产。香葱栽培时应避免连作，虽然香葱的病虫害少，危害轻，但随着连作年限的增加，土壤肥力下降，不增施肥料很难增产。

（五）肥料条件

香葱是喜肥蔬菜，在栽培上，以有机肥为主，配合施用适量的氮、磷、钾肥，是获得丰产增收的重要措施，应多施氮肥和适量施用磷肥，有利于植株新陈代谢和营养物质积累，对增产有重要作用。在整个生长期中，每667m² 需氮13.6～16.6kg、磷8～10kg、钾10～13.5kg。

第三节　栽培技术

一、露地栽培

（一）选用良种

选用紫花、香味浓的品种，以四季小香葱和福建细香葱表现较好。

（二）整地施肥

被选中的育苗地和用作移栽的地块要精细整地和施足基肥。每 667m² 施用腐熟、细碎的有机肥 3 000kg 或膨化腐熟后的鸡粪 1 000kg 以上，做成 1.5m 宽、8～10m 长的畦，夏季和低洼易涝的地块要做高出地面 15～20cm 的高畦，四周应有排水沟。

（三）播种育苗

采用条播或撒播的方式，条播间距 10cm，覆土 1.5～2cm 厚；每 667 平方米用种 2～4kg，要防止地下害虫为害，播种前用辛硫磷拌细土撒在床面，也可用敌百虫拌炒香的麦麸制成毒饵，在傍晚撒在播后的苗床上，浇足底墒水。

（四）移栽定植

播种后 40～50 天即可移栽，每 8～10 株栽 1 穴、行距 12～20cm、穴距 8～10cm，宜浅不宜深，深度以 4～6cm 为宜，及时浇定植水，也可播种后不经移栽直接采收。

（五）田间管理

出苗前后与移栽成活后土壤不能干旱，宜小水勤浇，苗 1～3 叶期和移栽成苗后控制浇水，勤松土，清除杂草 1～2 次，以促进根系生长，以后一般 7～10 天浇水 1 次。若基肥施用偏少，或采收期过长，要追肥 1～2 次，每 667 平方米施用腐熟膨化鸡粪 300kg，撒于行间并及时松土，如开穴施用则效果更好。后期要培土 1～2 次。夏季温度高、光照强时，要搭棚架、覆盖遮阳网。

（六）病虫害防治

病害主要有霜霉病、灰霉病、紫斑病等，虫害主要有潜叶蝇等。应采用农业防治和物理防治的方法来预防病虫害发生，病虫害发生严重时可采用生物或低毒、低残留的农药防治，施药时要加"消抗液"或"效力多"等农药助剂来增加叶片的展着性。

二、香葱夏季栽培关键技术

（一）选择品种和移栽期

选用当地地方香葱品种，在5月分批栽种，成活后度过梅雨季节和炎热天气，转凉后可快速生长。地方种抗高温，在7～9月高温期无黄头，商品性好，夏季栽培优势明显。

（二）定植移栽

种植2～3年应轮作换茬，如果第2年连作，则每 $667m^2$ 应撒石灰100kg灭菌，翻晒后再移栽。略带沙性的红泥土最适宜香葱栽培，一般连沟畦宽1.5m栽9～10行，每穴2株（前茬采收的商品葱），穴距15cm。植株栽深5cm，可增加葱白长度，提高产量和质量。但夏季常遇暴雨，土壤易板结，如果栽植过深，则底部根系通透性差，造成生长不良，甚至葱白腐烂。如果栽植浅栽，则发棵早，但根部青、商品性略差。基肥以每667平方米施腐熟厩肥、猪粪、鸡粪等3 000kg最好，也可每 $667m^2$ 用进口过磷酸钙100kg。

（三）栽后管理

1.水分　定植当天浇定植水，7～10天后浇1次复苗水。香葱根系不发达、分布较浅、根部吸水能力较弱，干旱时要坚持小水勤灌溉。成活后，可在晴天早晨4点灌跑马水，此时水土温度一致，等太阳出来后已基本吸干沟内积水。如果正午灌水，则水土温差大，香葱生理不适，不仅易烧根死葱，而且易诱发多种病害。

2.除草　因香葱根系少，松土除草易伤根影响生长，故除草剂应用较普遍。移栽后 2 天，喷施果尔，每 667m² 用 60g；亦可用 33%除草通乳油，每 667m² 用 100～200mL 对水 50kg 喷雾。温度高或土壤湿度大时，除草剂用量要低；温度低或土壤干旱时，可适当增加用量。气温超过 30℃时，不可使用除草剂，否则易产生药害。

3. 追肥　在雨天撒施尿素或粪水肥，应少施多次，薄肥勤施。若刚施完尿素即雨止，应开启喷滴灌设施或用水壶喷洒，以免烧伤植株。

4. 采收　5 月移栽的香葱 8 月为采收盛期，此时香葱品质好，价格高，每 667m² 产量可达 4 000kg，产值为 8 000 元左右。

三、病虫害防治

（一）病害

香葱的病害有灰霉病和疫病，常用药剂为抗枯灵 800 倍液和 64%杀毒矾可湿性粉剂 600 倍液。生产上要以防为主，在耕整土地时撒施生石灰，可有效减轻病害的发生。

（二）虫害

香葱主要虫害为葱蓟马和甜菜夜蛾，前者可用 33%的水灭氯 500 倍液，或 20%好年冬 1 000～2 000 倍液喷施。7～8 月，最好用 20%米满悬浮剂 1 000 倍液在傍晚进行幼龄甜菜夜蛾防治。到 3～4 龄后，甜菜夜蛾食量大增，啃穿葱管后进入葱管内取食，留下表皮，一夜之间即可造成大面积叶片孔洞。再加上香葱表面附有腊粉，药液不易沾着，采用农药防治效果甚微，在使用农药时应加入等量或半量的消抗液，最好的防治方法是用黑光灯诱杀成虫，虫口日减少率可达 70%左右。

练习题

1. 香葱的优良品种有哪些？

2. 香葱适宜在什么季节种植？如何育苗定植？

3. 香葱如何进行田间管理？

4. 香葱的主要虫害有哪些？如何防治？

5. 香葱的主要病害有哪些？如何防治？
6. 简述香葱生长发育过程。
7. 香葱对环境条件的要求有哪些？

第八章　牛　蒡

　　牛蒡别名牛菜、大力子、恶实、牛蒡子、东洋萝卜、东洋参，为菊科草本直根类植物。牛蒡原产于我国，公元920年左右传入日本，在日本栽培驯化出多个品种，20世纪80年代末由日本引种菜用牛蒡，大部分出口，少量进入国内市场。牛蒡属长日照植物，在生育期中喜温暖湿润气候，喜光，喜肥，耐热，耐旱，不耐淹，喜湿润土壤，但惧积水，土壤积水几日后，如果天气突晴、温度升高，则可加快肉质嫩根的下半部腐烂，使牛蒡失去药用或食用价值。自然界中的牛蒡，适应性极强，不择土壤。

　　牛蒡为2～3年生草本植物，适应性较强，喜光、喜温、喜湿润。种子在10℃以上即可萌发，最适发芽温度为20℃～25℃。植株耐寒，能在田间越冬，在土层深厚、疏松肥沃的土壤中种植最佳，不宜在低洼积水地中种植，播种当年只生长叶簇，翌年开花结果。株高约1.3m、根长50～75cm、直径3～4cm，花为头状花序，淡紫色，种子开花后1个月左右成熟。

　　牛蒡肉质根富含菊糖和维生素B、维生素C，并含有相当数量的铜、锰、锌等矿物质，具有很高的医疗保健价值。牛蒡的根、果实和叶均可入药，具疏散风热、宣肺透疹、利咽化痰、解毒通便的功效。牛蒡根具有芳香气味，可炒食或煮食，或做成干制脆酥片，还可酱渍、盐渍或加工成牛蒡汁饮料。

第一节　品　种

一、新林1号

该品种的食用肉质根表皮金黄色、品质优、生长势强、抗病、耐干旱、产量高，比一般品种增产10％以上，是牛蒡生产上的较佳品种之一，符合国际市场的需求。

二、柳川理想

该品种为中晚熟品种。地上部分长势旺，根圆柱形，条型、光、直，长达100cm以上。该品种具有增产潜力大、耐寒性强、晚秋季适播期长、春发快、长势旺、皮色好、香味浓、采收期长等优点，是淮北地区越冬牛蒡生产的主栽品种，但秋播不宜过早，以免先期抽薹。

三、东北理想

该品种为春、秋兼用型品种。地上部分长势旺，肉质根外观呈淡黄色，肌白，条型大、长、光滑。该品种产量高，易加工，商品性好，是加工出口的理想品种。

第二节　生物学特征

一、植物学特性

（一）根

牛蒡为深根性植物，根的长度多为40～65cm，直径1.5～2.5cm，根茎耐旱、抗寒、耐低温，在－38℃的气温下能安全越冬；地上叶片不耐寒，秋霜过后，叶片开始枯萎，春季生长萌动所需温度较低。

（二）茎

牛蒡在营养生长期内茎短缩，花茎直立。2～3年生植株抽薹开花，每1株只抽生一主茎，株高 100～180cm，最高主茎节数 26 个，节间长 3～15cm，主茎上的每个叶腋间都能长出 1 个侧枝，侧枝长度多为12～140cm，中下部侧枝多为75～140cm，每主茎可生出 10～20 个侧枝不等，下中部的侧枝长于中上部。

（三）叶

牛蒡的茎生叶为心脏形，长 30～40cm、宽 25～35cm，叶背密生白色绒毛；叶柄长，茎部微红，嫩香柔软，可供食用。

（四）花、果实和种子

牛蒡是自花授粉植物，每个侧枝顶端着生众多花球，头状花序，花序紫红色，呈伞房状，并开花结实。花为管状两性花，雄蕊着生在花冠中央，子房椭圆形，下位一室。外面总苞排成球状，总苞片先端向内里弯曲成钩针状，长为 1～1.7cm，由 250 余枚钩针状包片包裹着种子，形成总苞片瘦果。开花授粉时期，各种传媒昆虫为授粉起了很大的作用。

每株牛蒡可开花 300 多朵，每一个瘦果里可结种子 18～34 粒不等。种子与种子之间有 0.5～0.7cm 长的众多针刺状物将种子相隔。成熟瘦果黄褐色。种子长纺锤形或长倒卵形，又似肾形，两端平截，略微弯，表现灰褐色或浅灰褐色，并具多数细小黑斑，有明显的纵棱线，种子长 0.5～0.8cm，宽 0.2～0.3cm，百粒重 1～1.4g。

二、生长发育过程

（一）营养生长时期

1. 发芽期　从播种至子叶展平为发芽期，需 10～15 天。

2. 幼苗期　从子叶展平至形成 5～6 片真叶为幼苗期。

3. 莲座期　又可称为肉质根形成期。从 5～6 片真叶形成至入冬前开始休眠为莲座期。此期地下部肉质根开始膨大，一般从出苗到肉质根形成需 90～120 天。在莲座期要加强田间管理，缺水缺肥可导致减产。肉质根膨大需要凉爽的气候，所以栽培季节要安排妥当。

（二）休眠期

从入冬前开始休眠至翌年植株恢复生长为休眠期。此期地上部叶片枯死，但根茎处的生长点和肉质根还具有生命力。为了使牛蒡能够安全越冬，在高纬度（北纬45.5度以北）地区最好在土地封冻前覆盖草、雪或土5～10cm。

（三）生殖生长时期

1. 恢复生长期　翌年春季，当土壤化冻后，植株开始恢复生长。植株抽薹标志着此期结束。在北方，牛蒡一般在4月中下旬恢复生长，低温通过春化后，于5月中下旬抽薹。

2. 抽薹期　从植物开始抽薹至开始开花为止。

3. 开花结实期　从植株开始开花到种子成熟为止。在北方牛蒡一般于6月上中旬开始开花，开花后30天种子开始成熟。

三、对环境条件的要求

（一）温度

牛蒡喜温暖湿润的气候，生长最适温度为20℃～25℃，种子发芽适温为20℃～25℃，一定的光照条件可促进发芽，所以覆土要薄。植株地上部耐寒力弱，冬季枯死，以直根越冬，翌春萌芽生长。牛蒡属绿体春化型作物，当根直径为3～9mm时即感受低温影响，5℃左右低温达1 400小时以上，再给予12.5小时以上的长日照可促进花芽分化并抽薹开花。

（二）光照

牛蒡喜充足的光照，属长日照植物。如果光照弱，则植株地上部生长不良，有机营养积累少，不利于肉质根的生长。在华北，如果牛蒡定植过早，一旦低温期过长，牛蒡就通过了春化阶段，当年就会出现早期未熟抽薹现象。

（三）土壤和水分

牛蒡为深根性蔬菜，对土壤有严格的要求，宜在中性沙壤土或沙土中栽培。牛蒡不耐涝，连续淹水两天，直根将出现腐败现象。牛蒡忌连作，旱地栽培1次，须种其他蔬菜4～5年后方可再种。适合牛蒡生长的土壤 pH 值为 6.5～7.5。

第三节　栽培技术

一、栽培技术

（一）整地施底肥

在播种前 1 个月，大田翻挖 40～50cm 深，或用深耕犁耕 60～70cm 深，充分冻垡、晒垡，使土壤疏松。翻挖前，每 667m² 撒施腐熟厩肥 1 500kg、粪肥 1 500kg 和三元复合肥 50kg，将肥料翻入土内，与土充分混匀，然后把土垡打碎、耙平，按行距 65～70cm 起小高垄。垄高 15cm、宽 20cm，搂细耙平，即可播种。

（二）播种

于 3 月上中旬至 5 月播种。条播时，在小高垄上开浅沟，沟深 2cm 左右，将发芽种子均匀撒入沟内，然后盖土，轻轻踏实，每 667m² 约用种 600g。注意播种时要稍偏向施肥沟一侧下籽，以免苗根直接接触肥料而发生歧根。点播时，按株距 15～20cm 开穴，每穴播下 3～4 粒种子，盖约 1.5cm 厚的土，轻轻踏实。每 667m² 用种约 270g。多余的种子播在行间作预备苗，在子叶张开时带土移苗补缺。牛蒡不宜移栽和补种，为了获得较高效益，最好按株距 5～6cm 进行单粒播种。

（三）播种后的管理

1. 间苗　牛蒡播种后 10～15 天出苗。出苗后，在傍晚或阴天揭除畦面盖草，及时进行间苗。条播时，当子叶展平即开始间苗，每 3.3cm 留苗 1 株；幼苗长出 1～2 片真叶时可进行第 2 次间苗，每 15～20cm 留苗 1 株。点播时，幼苗长出 1～2 片真叶时开始间苗，每穴留 2 株；幼苗长出 3～4 片真叶时进行第 2 次间苗，每穴留 1 株。按单行距 70cm 或双行距 110cm 挖种植沟播种的，当子叶展平后开始间苗；真叶 1～2 片时再次间苗；真叶 4～

5片时定苗，苗距10cm左右，每667m²留苗1万株左右。拔除生长弱或过旺、畸形、根系露出土面的劣苗，留下根系没有裸露、叶片数量少并且先端向上的良苗。

2. 肥水管理

（1）追肥　第1次间苗、松土后，在晴天下午5～6时，用0.5％尿素和0.1％磷酸二氢钾混合液喷叶；第2次间苗、松土后，离苗15cm处，在幼苗的一侧开深20cm的沟或穴，每667m²用复合肥25～35kg对水施入沟（穴）覆土平沟（穴），或每667m²用腐熟饼肥25kg和掺水一半的腐熟人畜粪尿250kg施入。中后期肉质根膨大时，在植株两侧开沟，每667m²施入腐熟饼肥25kg和掺水一半的腐熟人畜粪尿500kg，并用0.3％磷酸二氢钾溶液喷叶，每隔7～10天喷1次，连喷2～3次。秋季播种的牛蒡，过冬苗幼小，应在当地日平均气温降到8℃时，施入堆肥或土杂肥，并壅根防冻。

（2）浇水　种子发芽和幼苗生长需要较高的土壤湿度。遇天旱，应浇水抗旱，使表土湿润。浇水时，应在畦面沟内补水。生长期间，当干旱，叶片出现萎蔫现象时，及时浇水，保持土壤见干见湿状态。北方干旱地区，一般15天左右浇水1次。多雨天气，应及时清沟排渍，做到雨止田干。特别是生长中后期，肉质根已深扎，更应及时排水防涝，严防土壤含水量过多，造成烂根。

（3）中耕、培土　间苗同时进行中耕除草，直到植株封行为止。培土时，千万不能把植株的生长点埋入土内。

3. 采收　收获时要注意保护肉质根不受损伤。采收前，用刀从叶柄基部（留10～20厘米长的叶柄）割去地上部分叶片，然后用锄或铲从垄的一边顺次在根的侧面深挖，扒去松土层，然后用手将肉质根拔起。

4. 贮藏　秋冬采收后，将一部分肉质根整理出售，其余大部分要先贮存一段时间。选择排水良好的地块，先挖1米深的沟，将牛蒡与细土互叠（一层牛蒡一层细土），逐层堆积，最后覆土防止干燥，根据市场需要，分批分期出售。

二、病虫害防治

（一）病害

牛蒡病害主要是细菌性黑斑病和白粉病。雨季易发生黑斑病，可用波尔多液进行防治。高温季节易发生白粉病，可用 75％ 百菌清可湿性粉剂 500 倍液或 50％甲基托布津 1 000 倍液进行防治。

（二）虫害

对于地下害虫可喷施相应药剂。

练习题

1. 简述牛蒡的植物学特征。

2. 简述防治牛蒡蚜虫的方法。

3. 如何采收牛蒡？

4. 牛蒡的主要病害有哪些？如何防治？

5. 牛蒡的主要优良品种有哪些？简述其特征。

第九章　西　　芹

西芹别名西洋芹菜、洋芹菜，盛产于欧美各国，后传入我国，在三北地区有少量栽培。西芹分蘖性较强，生长速度快，叶柄宽厚，株高 70～90cm，单株重约 30g，叶柄柔嫩、味甜，含有丰富的维生素和矿物质，近年来市场需求不断增加，种植面积日益扩大。

西芹喜冷凉、温和的气候，不耐高温，生长适温为 15℃～25℃，在 26℃ 以上高温下，植株生长受阻，品质变劣，且易发生病害。秋西芹适宜播期为 6 月下旬，秋延迟西芹适宜播期为 7 月下旬。

西芹茎叶中含有挥发性芳香油，能促进食欲。西芹也是中草药，具有降血压、镇静、健胃、利尿等功效。

第一节　品　　种

一、加州王

该品种植株高大达 85cm；叶片较大，叶色绿，叶柄黄绿色，有光泽，基部宽 4cm 左右，叶柄第 1 节 30cm 以上抱合紧凑，纤维少，品质脆嫩。植株对枯萎病、缺硼症抗性较强。一般生长期为 105～110 天，从定植至收获期需 80 天。单株重 2kg 以上，高产，每 667m² 产 7 500kg 以上。

二、达拉斯

该品种植株生长势强，植株紧凑，株高 70cm 左右；叶色较绿，叶柄肥大宽厚，横断面半圆形，腹沟较深，第 1 节间长约

35cm，叶柄抱合紧凑。单株重可达 1kg 以上，每 667m² 产 7 000kg左右，适宜弱光下栽培，抗病性强，耐贮运。栽培地宜选择有机质丰富、疏松、保水保肥能力强的地块。育苗移栽时，每 667m² 用种量约为 50g，定植规格为 25cm×25cm。

三、华盛顿

该品种植株长势旺盛，植株紧凑，株高为 80～85cm；叶绿色，叶柄亮绿色，腹沟浅较宽平，基部宽 4cm 左右；第 1 节长 30cm 以上，品质脆嫩，纤维少。植株抗枯萎病及缺硼病。单株重约 1kg，每 667m² 产 7 500kg以上。

四、嫩脆

该品种植株高大，约 80cm 以上，生长紧凑；叶片绿色，较小，叶柄宽厚呈黄绿色，基部宽 3cm 以上，叶柄第 1 节长 30cm 以上，叶柄表面光滑，有光泽，纤维少，品质脆嫩。植株抗病性中等；延迟收获不易空心，采收期长；生长期为 110～115 天，从定植至收获需 90 天；单株重 2kg 以上，高产 7 500kg 以上，高的可达 10 000kg。

五、顶峰

该品种植株健壮、直立，株高 85cm；叶柄、叶片均为浅绿色，叶柄组织充实、宽厚，生长速度快，肉质脆嫩。单株重 1kg 以上。植株适应性广，耐寒性强，较抗热，适宜保护地栽培，春季栽培不易抽薹，最高产量 8 000kg。

六、根芹菜—东方大根

该品种根为肉质圆球形，有叶痕，单根重 200～250g；品质极佳，营养生长期茎短缩，叶着生其上；叶柄较短，温度低时叶柄纤维较多，叶色深绿，根系发达。每 667m² 用种量为 50g。

七、佛罗里达 683

该品种株高 60cm 左右，植株呈圆筒形；叶柄长 25～30cm，叶柄、叶片均为深绿色，叶柄实心、质脆。植株耐寒性稍差，但抗病力较强。

八、意大利冬芹

该品种株高 60cm，植株较直立；叶柄、叶片深绿色，表面光滑；叶柄长 30cm 左右、肥厚、较圆、实心、纤维少、不易老化、脆嫩。植株抗病、抗寒，适宜在秋冬季节栽培。

九、意大利夏芹

该品种株高 80cm 左右，叶柄平均长 40cm，肥厚、脆嫩，基部宽 1.6cm，棱线明显，实心。植株抗性稍差。

十、犹他

该品种株高 65～70cm，叶柄、叶片均绿色，叶柄长 30cm 左右，肥厚、光滑、易软化；外部叶片易老化、空心，须及时采收，才能达到丰产的目的。

十一、康乃尔 19 号

该品种株高 50～60cm，叶柄、叶片均黄色，叶柄长 25～30cm，易软化，软化后呈白色。该品种品质好，抽薹迟，适合软化栽培。

十二、高金

该品种株高 65～70cm，叶柄浅绿色、实心、纤维含量少、品质佳，平均长 32cm、宽 1.5cm、厚 1.1cm；叶片浅绿色，味浓。单株重 750g 左右，植株适于早春及夏秋季栽培。

第二节　生物学特征

一、植物学特性

（一）根

西芹的根属直根系类型，一般根深 60cm 以上，须根系分布在 30cm 的土层中。

（二）茎

西芹的茎短缩，在短缩茎的基部轮生叶片。

（三）叶

西芹的叶为二回奇数羽状复叶，每叶有 2～3 对小叶及 1 片尖端小叶，小叶 3 裂，叶面积小。叶柄发达，宽可达 3cm 以上，质地脆嫩，纤维少，具有芳香的气味。

（四）花、果实和种子

西芹的花为伞形花序，白色小花，虫媒花。果实为双悬果，棕褐色，有纵沟，每个双悬果由两个分果组成，分果内含 1 粒种子，生产上用的种子实际上是果实。果实有挥发油，具香味，透水性差，发芽慢，千粒重 0.4～0.5g。种子使用年限一般为两年左右。我国自繁种子的一般发芽率为 70%～90%。

二、生长发育过程

（一）浸种催芽

浸种 36～48 小时，适宜温度为 20℃～22℃，催芽时间为 5～7 天。

（二）种植期

适宜种植的日均温度为 15℃～18℃，最高温度为 21℃～24℃，最低温度为 7℃。

（三）幼苗期

植株能耐－5℃以下低温。

（四）生长期

适宜温度为 15℃～20℃。成株在－7℃～－5℃以下也不会冻坏。植株不耐高温，气温在 20℃以上时生长受到阻碍，超过 26℃时停止生长。

三、对环境条件的要求

（一）温度

西芹喜冷凉气候，生长适宜温度为 16℃～22℃。

（二）光照

西芹营养生长阶段对光照要求不严格，对光照强度要求较低，在弱光照条件下，仍能正常生长。

（三）土壤

西芹适宜生长于富含有机质的沙壤土。

（四）水分与养分

西芹属于消耗水分很多的蔬菜，虽然植株叶面积不大，但因植株密度大，总的蒸腾面积大，加之根系浅，吸收力弱，组织较柔软，所以要求较高的土壤湿度和空气湿度。特别是营养生长旺盛期，地表布满了白色的须根，更需要充足的湿度，才能保证优良的品质和高产量，否则生长停滞，叶柄中机械组织发达，纤维增多，品质变劣，产量降低。植株宜选择保水力强，含有丰富有机质的壤土或黏壤土地块。栽培过程中，随着植株的成长而增加水分的供给量，以营养生长盛期为供水的要点时期。注意浇水、保持土壤湿润，是获得西芹高产、优质的重要措施之一。但由于根系吸收能力较弱，故在栽培中要施足基肥，并适时追肥，以满足植株对养分的需求。

第三节　栽培技术

一、西芹露地栽培技术

（一）因地制宜，适期播种

西芹喜冷凉、温和的气候，不耐高温，生长适温为 $15℃\sim25℃$，遇 $26℃$ 以上高温植株生长受阻，品质变劣，且易发生病害。秋西芹适宜播期为 6 月下旬，秋延后西芹的适宜播期为 7 月中下旬。播种前 $7\sim10$ 天进行种子处理。先将种子用冷水浸泡 24 小时，搓洗数遍，捞出种子晾到草席上。种子表面水分散失后，用纱布将其包裹后放到瓦盆中，上加覆盖，置于 $15℃\sim20℃$ 处催芽。催芽期间每天将种子包翻动 1 次，每两天将种子淘洗 1 遍，经 $6\sim7$ 天大部分种子露白即可播种。

（二）精细整地，培育壮苗

1. 整地　西芹种粒小，顶土能力弱，出苗慢，因此对苗床和播种技术要求严格。选择通风、光照充足、排灌方便的疏松肥沃田块栽培西芹。避免与小茴香、芫荽、大蒜等浅根系作物接茬，因为接茬容易使土壤缺乏部分营养元素，不利于西芹的生长。前茬可以是豆类或瓜果类作物。苗床宜选择地势高、土质疏松、能灌能排、土壤肥沃的沙壤土。苗床地施腐熟有机肥，浅翻耙平，做成宽1.2m的苗床。平畦时先取出部分畦土过筛，以备覆土用。

2. 精细播种　播种前浇足底水，将催好芽的种子掺少量细土，待畦内渗完水后，均匀撒播。播后均匀撒盖土，厚度0.5cm。苗床播种量为15～18kg/hm²，所育苗可栽5hm²地。

3. 遮阳防雨　播种后用草帘或麦秸覆盖以遮阳降温，防止雨淋。覆盖物不能直接接触畦面，用草帘覆盖的出苗后每天早晚将草帘揭开透光，中午盖上遮阳，10天后不再盖帘。

4. 苗床管理　幼苗长出1片真叶时间苗，苗距1.5～2cm。幼苗长出第2片真叶时进行第2次间苗，苗距2～3cm。苗期小水勤浇，幼苗长出4～5片叶时追施尿素。后期减少浇水，以培育壮苗。

（三）及时定植，加强管理

1. 施足基肥，适时定植　定植前，施足基肥，深翻，耙平，整细，秋季栽培的于8月上旬定植，秋延后栽培的于8月下旬定植。定植前一天将苗床淋透水，随起苗随定植。定植时选用健壮无病、大小整齐一致的幼苗，淘汰弱小、有病苗。定植行距30～40cm，株距20～30cm，单株定植时，栽10万～12万株/hm²；春季栽培生长期短，为提高产量，也可实行双株定植。高温季节应在下午16时以后或阴天定植，并在定植后设置小拱棚，用黑色遮阳网覆盖遮阳、保湿，直至缓苗后揭去。冬天大棚栽培时，应在定植后覆盖塑料小拱棚保温、保湿，以促进缓苗，缓苗后需及时打开小棚通风换气，降低地表湿度。

2. 足水定植，合理施肥　移栽时要浇足定植水，及时浇缓苗水。缓苗期后要进行多次深中耕，要求耕细、耕透，此后不到干旱明显时不浇水。当心叶直立生长时，表明芹菜进入快速生长期，追施三元复合肥 $300\sim450kg/hm^2$，5～6 天浇 1 次水。

3. 未熟抽薹和空心的预防

（1）未熟抽薹　春茬西芹常易产生未熟抽薹，严重影响品质。西芹一般受低于 15.5℃ 的低温影响达 15 天，就可能发生未熟抽薹。低温效应是累加的，温度越低，引发抽薹所需的时间就越短，但高温对低温有抵消作用，因此在生产中除选用不易抽薹的品种外，还可通过覆盖栽培来预防未熟抽薹的发生。

（2）空心　西芹叶柄有时会出现空心现象，严重影响商品品质。产生空心的主要原因：过熟；未及时采收；不良环境的影响（如土壤过干过湿，过多的土壤盐分或缺素，霜冻等）；植株间相互竞争。防止空心的技术措施：成熟时及时采收；保持土壤湿润，供水均匀；施足基肥，及时追肥；预防霜冻。

（四）合理采收，及时上市

西芹的采收标准依栽培方式和市场需求而定，一般定植后 90～120 天开始收获，以西芹最外叶片未枯黄、未焦时采收为宜，边采收边上市。

二、西芹地膜栽培技术

（一）育苗

1. 选种　选用温图拉、加州王或玻璃脆等实秆西芹品种

2. 播种　采用穴盘育苗，基质用蛭石。装盘后，浇透水，扣好棚，烤地 5～7 天。西芹种子用 70℃ 的水烫催芽至露白。将种子播在穴盘内，每穴 2～3 粒，上覆 0.5cm 厚的蛭石，加覆一层地膜保墒，然后用 70% 的遮阳网在地膜上遮阳，以防烤芽。

3. 苗期管理　子叶展开后，逐步去掉地膜和遮阳网。叶吐出后，用 0.2% 尿素加 0.2% 磷酸二氢钾营养液浇灌，每天浇 1 次。1 叶 1 心时，间苗 1 次；2 叶 1 心时定苗，每穴留 1 棵苗。定苗后，每天浇 1 次营养液。发现虫害及时喷施代森锰锌、甲霜灵等杀菌剂。定植前一周施 0.1% 的硼砂，防止因缺硼导致叶柄开裂。

（二）定植

1. 整地覆膜 拣出地内根茬、石块，防止划破地膜，施腐熟的有机肥 6m³、磷肥 50kg、硼砂 1kg，与土壤混匀，耙平起垄。垄宽 50cm，垄高 20cm，垄间距 40cm。浇水后，覆盖幅宽 90cm 的地膜。

2. 定植 将苗带坨取出，在地膜上栽两行，行距是 30cm 见方，形成小垄。垄沟形成大垄，以利通风透光，减少病虫害的发生。浇完缓苗水后，用土把定植孔封好，可防止大风吹起地膜伤苗。1 个月内不用浇水，以提高地温，促进苗期生长。

3. 管理 在西芹封垄前，结合中耕锄草破除地膜，浇水追肥。每 667m² 追尿素 80kg，分 3 次施入。浇水要在下午进行，大面积栽培，如用灌浇应在晚上进行。每 7～10 天喷 1 次甲霜灵、代森锰锌等杀菌剂，防止发生晚疫病。收获前 7 天停止喷药。

4. 适时收获 地膜具有提高地温、前期保墒、加快土壤养分转换的作用，因此地膜栽培西芹生长较快，封垄较早，比露地栽培早 7～10 天成熟。当西芹单棵重 1.5kg 左右时即可收获。如果收获过晚，则叶柄变空，降低价值。

三、温室西芹栽培技术

（一）选好品种

优良品种是取得高产优质产品的基础，市场出售的西芹品种多、包装杂，买种子要到可靠的种子经营单位买，最好要买罐装原种。

（二）培育壮苗

1. 适叫播种 年前上市的秋延后茬西芹应在 6 月下旬播种。早播，培育壮苗，壮苗定植后缓苗快，根系发育好，单株重量大，市场畅销。而晚播，苗龄小，棵小不好销。

2. 浸种催芽 夏季播种西芹必须浸种催芽，否则不出苗。西芹每 667m² 用种 100g，苗床面积为 40～50m²。6 月 20 日前后，用井水浸种 24 小时，再用清水淘洗 1 遍，稍加晾晒，装入布袋中，于20℃～25℃催芽，每天淘洗1次，5～7天即可出芽。

3. 播种　苗床要选在地势较高、排灌方便处，苗床要短、要平。当种子有60%～70%出芽即可播种，播前苗床要浇足底水。撒播要2～3遍作成，播后苗床要用过筛细土撒一层，约0.5cm厚，播后苗床要用遮阳网或其他覆盖物遮阳防雨，严防暴雨淋苗床。

4. 苗期管理　西芹出土前要保持畦面湿润，过干时可用喷雾器喷水，播后两天可补喷药剂进行畦面除草；也可在西芹出苗后2～3片叶时喷药除草。苗期晴天要用遮阳网遮阳，早上、夜间或者阴雨天要揭掉遮阳网，苗床要保持湿润，下暴雨前苗床要用小拱棚盖薄膜防雨。苗出齐后，须间苗1～2次，间苗后浇水压根，苗期可结合防蚜虫，喷施宝等叶面肥促进壮苗。

（三）定植

西芹的定植期一般在9月初，当苗龄50～60天、苗10cm高、5～6片真叶时为适宜定植苗龄。定植前施足基肥，每667m²施优质腐熟农家肥5 000～6 000kg、腐熟饼肥200～300kg、三元复合肥40～50kg，深翻30～40cm，整地作畦，畦长15～20m，畦宽1～1.5m。定植时苗要分级栽，大苗栽在一起，25cm×25cm见方；小苗栽在一起，20cm×20cm见方。每667m²栽1.2万～1.5万株，栽植深度以深不淤心、潜不露根为宜，只有稀植才能种出大棵，达到优质高效的目的，切不可过密。

（四）栽培管理

定植后及时浇一遍水，以利缓苗。地面见干后锄地蹲苗促进发根，此时，可喷防治蚜虫的药和叶面肥，促进缓苗发根。定植后10～15天天气转凉，西芹开始旺盛生长，要加强肥水管理，此期应5～7天浇1次水，10～15天后追肥，每次每667m²追尿素10～15kg。10月中旬随气温下降开始扣棚，初期昼夜通风，后期随气温下降减少放风量，白天温度保持在20～25℃、夜温保持在10～15℃，以后随气温下降，覆盖草苫保温。

（五）适时采收

根据温棚的保温性能和市场行情，适时采收。简易大棚加草苫的可在元旦前后采收，保证棚温不低于 0℃，即不受冻。日光温室内可延至春节前后，市场行情好时再卖。

四、病虫害防治

（一）病害

斑枯病、早疫病可用 75％达克宁可湿性粉剂 600～800 倍液喷施预防，病初可用 10％世高水分散粒剂 1500 倍液喷雾进行防治。菌核病可用 40％农利灵水分散粒剂 1 000 倍液，或 50％扑海因可湿性粉剂 1 000～1 500 倍液于病初开始喷雾进行防治。软腐病发病前可用 78％科博可湿性粉剂 600～800 倍液预防；病初用 10％溃枯宁水溶性粉剂 1200 倍液，或 72％农用链霉素可湿性粉剂 3 000 倍液喷雾进行防治。灰霉病可用 65％万霉灵可湿性粉剂 1 000 倍液进行防治。猝倒病、疫病可用 60％灭克可湿性粉剂 500～600 倍液，或 72％霜脲锰锌可湿性粉剂 400～600 倍液喷雾进行防治。

（二）虫害

蚜虫可用 70％艾美乐水分散粒剂 15 000～30 000 倍液，或 10％丰源（吡虫啉）可湿性粉剂 2 000～3 000 倍液喷雾进行防治。潜叶蝇可用 75％潜克可湿性粉剂 3 500 倍液，或 1.8％虫螨杀星乳油 5 000 倍液喷雾进行防治。

五、贮藏与保鲜

（一）保鲜

进行挑选、处理后要及时转入冷藏库预冷。当菜温降到 1℃左右时，将西芹装入聚乙烯薄膜袋，每袋约 20 扎，每扎约 0.75kg，松扎袋口，然后将袋子摆放在菜架上贮藏。短期贮运多用聚苯乙烯泡沫箱直接包装。

（二）贮藏运输

贮藏温度宜为 0℃～1℃，相对湿度为 90％～95％。气调贮藏环境中要求氧气含量为 2%~3%，二氧化碳含量为 4%~5%。运输时最好用冷藏车。无冷藏设备的短期贮运可采用加冰块的方法，即将西芹放入容器时每两层加 1 层冰块，冰块大小如鸡蛋，放入塑料袋内平铺于菜面上，40kg 一箱的西芹需冰块 10kg，能保持产品质地新鲜细嫩。

练习题

1. 西芹的优良品种有哪些？

2. 西芹如何育苗？

3. 简述西芹的田间管理过程。

4. 保护地西芹的主要病害有哪些？如何防治？

5. 如何延长西芹的保鲜期？

第十章 芦 笋

芦笋别名石刁柏，属于百合科天门冬属，原产于欧洲地中海东部沿岸，为多年生宿根性草本植物。雌雄异株，根为须根，分为种子根、贮藏根和吸收根3种类型。当温度适宜时，鳞芽萌动出土，形成粗壮的肉质茎，其顶端由鳞片包裹，在土层下又白又嫩，称为白芦笋；伸出地面变成绿色，称为绿芦笋，均为食用部分。当幼茎高达35～40cm时形成总状分枝，以后顶端开始分散，腋芽萌动，抽生枝条，任其自然生长，株高可达1m以上。果实圆球形，随着成熟度加大由深绿色变成红色，成熟果暗红色。种子黑色，种皮角质化，坚硬，外表有蜡质。芦笋怕涝，要选择排水良好、透气性强、土壤疏松、有机质含量高的壤土或沙壤土的平川地，适宜的pH值为5.8～7.2。芦笋有鲜美芳香的风味，膳食纤维柔软可口，能增进食欲，帮助消化。

第一节 品 种

一、鲁芦笋一号

该品种植株比较高大，笋株生长势比较强，叶色深绿，嫩茎比较粗大，大小均匀，平均单茎重20.6～22.8g。笋条直顺，空心率低，比较细嫩，笋尖鳞片抱合紧凑而不易散头。该品种品质优良，丰产性能好。

二、芦笋王子

该品种植株比较高大，笋株生长势比较强，叶色深绿，嫩茎比较粗壮，大小均匀，平均单茎重22.7～24.6g。笋条直顺，空心率低，比较细嫩，笋尖鳞片抱合紧凑而不易散头，嫩茎色泽比较好。

三、冠军

该品种笋株生长势比较旺盛，叶色深绿，嫩茎比较粗大，大小均匀，平均单茎重 24.5～27.8g，直径为 1.2～2cm 的嫩茎占 95％左右。笋条直顺，比较细嫩，笋尖鳞片抱合紧凑而不易散头，嫩茎色泽比较好。

四、88—5 改良系

该品种笋株生长旺盛，叶色深绿，笋条直顺，嫩茎均匀，直径为 12～2cm 的嫩茎占 95％左右，笋尖鳞片抱合紧凑而不散头。该品种品质优良，丰产性能好，对芦笋茎枯病具有很强的抗性。

五、硕丰

该品种笋株生长势比较旺盛，叶色深绿，嫩茎比较粗大，大小均匀，平均单茎重 23.8～5.6g，直径为 1.3～2cm 的嫩茎占 90％左右。笋条直顺，比较细嫩，笋尖鳞片抱合紧凑而不易散头，嫩茎色泽比好。

六、2000－3

该品种植株生长旺盛，叶色浓绿，笋条直，大小均匀，平均单茎重 23.6～26.7g，直径为 1.2～2cm 的嫩茎占 95％左右。

七、金岭 85

该品种植株比较高大，笋株生长势比较强，嫩茎比较粗壮，大小均匀，嫩茎顶部鳞片抱合紧凑，丰产性能好，嫩茎的产量高而稳。该品种在我国北方栽培或其他地区温室栽培丰产性比较好。

第二节 生物学特征

一、植物学特性

（一）根

芦笋的根属须根系，由肉质贮藏根和须状吸收根组成。肉质贮藏根由地下根状茎节发生，多数分布在距地表 30cm 的土层内，寿命长，只要不损伤生长点，每年可以不断向前延伸，一般可达 2m 左右，起固定植株和贮藏茎叶同化养分的作用。肉质贮藏根上发生须状吸收根。须状吸收根寿命短，在高温、干旱、土壤返盐或酸碱不适及水分过多、空气不足等不良条件下，随时都会发生萎缩。芦笋根群发达，在土壤中横向伸展可达 3m 左右，纵深 2m 左右，但大部分根群分布在 30cm 以内的耕作层里。

（二）茎

芦笋的茎分为地下根状茎、鳞芽和地上茎三部分。地下根状茎是短缩的变态茎，多水平生长，当分枝密集后，新生分枝向上生长，使根盘上升。肉质贮藏根着生在根状茎上。根状茎有许多节，节上的芽被鳞片包着，故称鳞芽。根状茎的先端鳞芽多聚生，形成鳞芽群，鳞芽萌发形成鳞茎产品器官或地上植株。地上茎是肉质茎，其嫩茎就是产品。芦笋的粗细因植株的年龄、品种、性别、气候、土壤和栽培管理条件等而异。一般幼龄或老龄株的茎比成年的茎细，雄株比雌株的茎细。如果高温、肥水不足，则植株衰弱。不培土抽生的茎较细。地上茎的高度一般为 1.5～2m，高的可达 2m 以上。雌株多比雄株高大，但发生茎数少，产量低；雄株矮些，但发生茎数多，产量高。

（三）叶

芦笋的叶分为真叶和拟叶两种。真叶是一种退化了的叶片，着生在地上茎的节上，是呈三角形薄膜状的鳞片。拟叶是一种变态枝，簇生，针状。

（四）花、果实和种子

雌雄异株，虫媒花，花小，钟形，萼片和花瓣各 6 枚。雄花淡黄色，花药黄色，有 6 枚雄蕊，并有柱头退化的子房。雌花绿白色，花内有绿色蜜球状腺。果实为浆果，球形，幼果绿色，成熟果赤色，果内有 3 个心室，每室内有 1～2 个种子。种子黑色，千粒重 20g 左右。

二、生长发育过程

(一) 生长时期

芦笋为雌雄异株宿根性多年生草本植物，可连续生长 10～20 年。芦笋一生的生长过程可分为幼苗期、幼株期、成株期和衰老期。

幼苗期是指从种子发芽到定植，一般为几个月至 1 年。

幼株期是指从定植至开始采收，主要形成地下茎，为 2～3 年。

成株期开始采收后，产量逐年增加，5～6 年后进入盛采期。在 10～12 年后，产量下降，植株进入衰老期。

(二) 生长动态

种子发芽后，先有胚根向下生长，并形成细小的次级侧根。同时向上抽生第 1 条地上茎，根茎处有极短缩的地下茎。该地下茎水平生长的同时，向上抽生地上茎，向下发生肉质根。肉质根上长出纤细的吸收根。随着年龄的增加，地下茎不断发生分枝。

(三) 一年内的生育过程

在北方一年内，芦笋成株要经过鳞茎萌动生长、嫩茎采收、采收后的地上部生长、开花结籽、养分累积和休眠越冬几个阶段。采收期为 2.5～3 个月。

三、对环境条件的要求

(一) 温度

芦笋对温度适应性很强，即耐寒又耐热，但以夏季温暖、冬季冷凉的气候最适宜其生长。种子发芽的始温为 5℃，适温为 25℃～30℃。春季地温回升到 5℃ 以上时，鳞芽开始萌动；10℃ 以上，嫩茎开始伸长；15℃～17℃ 最适于嫩茎生长；25℃～30℃ 以上，嫩茎伸长最快，但嫩茎基部及外皮容易纤维化，笋尖鳞片易松散，茎细味苦，品质低劣；35℃～37℃ 以上，植株生长受抑制，进入夏眠。植株在 15℃ 以下生长开始缓慢，嫩茎发生数量少；5℃～6℃ 为生长的最低温度；晚秋初冬遇霜地上部枯萎进入冬眠。休眠期的植株地下部分可在 -37℃～-20℃ 的冻土中越冬。

（二）光照

芦笋需要充足光照，光饱和点为40lx。

（三）土壤

芦笋对土壤的适应性广，但宜选用富含有机质、疏松通气、土层深厚、地下水位低、排水良好的壤土或沙壤土种植。适宜的土壤pH值为6～6.7。芦笋能耐轻度的盐碱，土壤含盐量不能超过0.2％。芦笋对矿质营养要求以氮、钾为多，需磷较少，还需较多的钙。

（四）水分

芦笋根系分布广且深，地上部叶片退化，蒸腾能力弱，故植株耐旱能力强。但是，采笋期间要保证充足的水分供应，过于干旱，必然导致嫩茎细弱，生长芽回缩，严重减产。地上部生长期间，也应供给充足的水分，使植株茂盛，为嫩茎丰产奠定基础。适宜的土壤湿度为80％～90％。芦笋极不耐涝，积水会导致根腐而死亡，故栽植地块应高燥，雨季注意排水。

第三节　栽培技术

一、栽培技术

（一）繁殖方法

1. 分株繁殖　选择优良丰产的种株，掘出根株，分割地下茎后，栽于大田。采用此法，植株间的性状一致、整齐，但费力费时，运输不便，定植后的长势弱，产量低，寿命短，一般只做良种繁育栽培。

2. 种子繁殖　采用此法便于调运，繁殖系数大，长势强，产量高，寿命长。生产上多采用此法繁殖。种子繁殖有直播和育苗之分。

（二）直播栽培

植株生长势强，株丛生长发育快，成园早，始产早，初年产量高。但出苗率低，用种量大，苗期管理困难，易滋生杂草，土地利用率低，成本高，根系分布浅，植株容易倒伏，经济寿命不长。因此，这种方法只有在土地多、气候温暖、芦笋生育期长的地方采用。自 20 世纪 70 年代以来，由于地膜覆盖技术和除草剂的普及，解决了出苗率低和杂草滋生的问题，直播栽培的应用逐渐增多。

（三）育苗移栽

育苗移栽是生产上最常用的方法，它便于苗期管理，出苗率高，用种量少，可以缩短大田的根株养育期，有利于提高土地利用率。

1. 分类　芦笋按苗龄长短分为小苗和大苗两种。按育苗场所和方法分为露地直播育苗、保护地播种育苗和保护地营养钵育苗。

（1）露地直播育苗

①场地的选择　露地育苗常用于培育大苗。大苗苗期长，苗株高，根多且长，故需有好的苗地，才能培育出健壮大苗。选择苗圃地需考虑以下几点：第一，苗地应适于芦笋根系发育，利于苗株生长，同时容易起苗、分苗。一般以土质疏松，富含有机质，地下水位低，排水好，保水力较强，呈微酸性，pH 值为 5.8~6.7 的土壤为宜。不要选黏性土地育苗，否则株间肉质根相互黏合，起苗、分苗费工，并会导致严重伤根。第二，要选择无立枯病和紫纹羽病等病菌的土壤，以免植株苗期携带这两种病害造成蔓延。因此，凡有这两种病的土地，如果园、桑园、胡萝卜、棉花、苎麻等地均不宜作育苗地，更不宜与芦笋连作。第三，芦笋苗生长极慢，株行距大，易滋生杂草，因此，要选择杂草少的土地，尤其不能有多年生杂草。

②施肥　为使幼苗苗壮生长，根系发育好，可施腐熟厩肥，将其翻耕入土。土壤酸度大的地方，还应撒施消石灰，以矫正土壤酸度。翻土要求浅耕，以免根系入土太深，不利于起苗。应做

1.5m 宽的高畦，并挖好排水沟，以便于排灌。

如果用营养钵育小苗，最好制备营养土。营养土要求肥沃、疏松，既保水又透气，土温容易升高，无病菌、害虫和杂草种子。一般用洁净园土5份、腐熟堆厩肥2~3份、河泥1份、草木灰1份、过磷酸钙2%~3%，充分混合均匀，用40%甲醛100倍液喷洒，然后堆积成堆，用塑料薄膜密封，让其充分熏杀、腐熟发酵，从而杀灭病虫和杂草种子。如果土壤酸度大，则还需加撒石灰矫正。堆制应在夏季进行，翌年播种前将这种培养土盛于直径6~8cm的营养钵中。

③播种

一是播种期，芦笋播种育苗时期应根据种子发芽对温度条件的要求，苗株生长发育规律及各地生态条件、育苗栽培方法的不同而定。

第一，根据种子发芽对温度的要求确定播种期。露地播种需在地温10℃以上开始。地温在30℃以上，有碍种子发芽和幼茎生长，不宜播种。一般北方生长季短，只进行春播；南方除春播外，还可进行秋播。

第二，根据苗株生长所需的积温标准决定播种日期。一般标准大苗的生长积温为2 500℃~3 000℃。在寒冷地带，因年生育期短，争取早播，否则生育期不足，会使植株因苗小，根株含糖量低，越冬期易遭冻害。生长季节长的地区应推迟播种，以免苗株过大。

第三，小苗应在定植前60~80天播种。在无霜害的前提下，小苗定植愈早，年内生育期愈长，根株发育愈健壮，积累贮藏养分愈多，翌年春季收获的产量也愈高，并连续影响以后年份的产量。因此，小苗的播种育苗期应在终霜前或安全定植前60~80天，进行保护地播种育苗。若因茬口关系需推迟播种育苗，也应尽量安排在前茬拉秧早的茬口，以争取早播早定植。否则，小苗栽植的优越性不仅不能充分发挥，反而会因定植过迟，遇温暖多雨天气而造成病害重、缺株多；或遇高温干旱天气，导致定植成活率降低。

二是播种量，育苗时的播种量应有利于苗株茎叶伸展和根系的发育，有利于通风透光，减轻病害发生。此外，还应根据种子发芽率来决定播种量。

一般露地直播育苗，大苗的行距为 40～45cm，穴距为 10cm，每穴播种两粒，粒距为 3cm。每公顷苗圃的播种量为 3 750g 左右，可移栽本田 7～10hm^2。播种时，按行距挖 3cm 深的播种沟，然后按株距播上种子，覆土 1～3cm，稍稍镇压。

移植育苗时，每平方米的播种量为 30～40g，约有种子 1 500 粒以上。播种前应浇足底水，播后覆土 1～2cm 厚。当出苗后的第 1 次茎高 10～15cm、第 2 次茎未抽生时，进行分苗移植，行株距与直播育苗相同。

大苗栽植的，一般宜在冷床或温床中用营养钵育苗。营养钵的口径为 6cm，每钵播种两粒，粒距为 3cm，覆土 1～2cm 厚。出苗后每钵只留 1 株苗。若直接播种于床土上，为便于起苗，减轻伤根，应扩大行距，通常行距为 20cm，粒距为 5cm。床土最好用配制的培养土，以利于根株发育和起苗。

三是促进种子发芽和出苗的方法，由于芦笋种子种皮革质化，透水性较差，吸水慢，种子休眠的深浅不一，低温下发芽慢，出苗期长，为加速其发芽、出苗，可采用下列方法：

浸种：播种前将种子在 20℃～25℃ 温水下，浸种两天（新种子在 35℃ 温水下浸种两天）。每天早晚换水 1 次。

低温处理：将新种子浸湿后，置于 0℃～5℃ 低温下处理 60 天，或将种子与湿润黄沙层积于露地过冬，以利于种子完成休眠期。

选种：选用 1 年的陈子播种，但应保管在干燥密闭处。

浇水：从播种至出苗期间要注意水分供应，防止干旱。在干旱期播种，应浇透底水，待土壤含水量适宜时播种。播种以后应覆盖地膜，以防水分蒸发，并提高土温，促进种子发芽。

温度：在无霜期长的地区，应适当晚播，待温度较高时播种。在无霜期短、必须早播的地方，以及在采取小苗定植的情况下，可采用保护地育苗，或在保护地条件下播种，待幼苗出苗展叶后，移植到露地苗圃。在播种出苗期间，应将床温维持在20℃～25℃。

④苗期管理

一是间苗，齐苗展叶1周左右，每穴有两株苗时，应拔除1株。缺株穴应以间拔下的苗补植，或以预先准备的小苗补植。

二是分苗，进行分苗移植育苗的，一般都在保护地条件下播种，种子播后注意保温、保湿，温度保持在20℃以上。发芽出苗后应注意通风换气，白天温度不能超过30℃，并经常浇水，以免土壤干燥。在展叶待分苗移植时，应控制水分，降温炼苗，以利于移植苗的发根和成活，一般白天温度保持在15℃左右，夜间保持在10℃左右。分苗移植应在田间湿度适宜情况下进行，分苗后立即浇水。移植成活前，遇强烈日光时，应以苇帘或黑色遮阳网遮阳1周左右。

三是中耕除草，芦笋幼苗生长缓慢，行距大，易滋生杂草，需经常中耕除草，或喷洒除草剂予以防治。一般每公顷苗地用除草剂利谷隆1 500g，加水1 500kg，于播种后3～5天喷洒畦面及畦沟，但两个月后仍需人工除草。

四是肥水管理，在间苗后或分苗移植时，浇1次稀薄的人粪尿液肥，每公顷10 500～15 000kg。约20天后再追稀薄人粪尿液肥1次。7～8月追施秋肥，每公顷施复合肥300kg左右。若此时苗株生长旺盛，可少施或不施，以免因肥料过多，导致茎叶生长过旺，发生倒伏，且通风透光不良，易诱发茎枯病和褐斑病。

除了种子播后及分苗移植的缓苗期要保证有充分的水分供应外，在生育期间遇干旱天气时，也应经常浇水，促进苗株生育。一般5～7天浇1次水，保持土壤见干见湿。但在下霜前1个月开始应控制水分，以抑制地上部分生长，促使植株将营养转入地下根茎贮藏。在多雨季节，应注意开沟排水，勿使田间积水，否则不仅不利于根系发育，还易诱发病害。

（2）保护地育苗、营养钵育苗的管理　在大棚等地上设施下，进行营养钵育苗或直接播种于苗床的苗期管理应以温度、水分管理为中心。从播种至出苗阶段，除供给充足水分，于床土表面或营养钵上覆地膜保湿外，还应将棚膜四周密封保温，尽量保持较高的棚温，以加速出苗。出苗后即去除地膜并进行通风换气，降低床温，以免幼茎徒长，致使倒伏。随着外界气温上升，加大通风换气量。晚间要盖上棚膜，并覆草苫，以免霜害和冻害。一般白天床温保持在25℃左右，最高温度不得超过30℃，夜间最低温度在12℃～13℃，日平均温度为20℃。由于经常通风换气，床土极易干燥，营养钵苗更易失水，故应经常浇水，一般3～5天浇1次水。苗期追肥只需两次，第1次于第1枝幼茎展叶后，结合浇水施尿素105～150kg/hm²，其后20天左右再施1次，量同第1次追肥。

间苗在第2枝幼茎将发生时进行，每钵（穴）择优选留。间苗时，应撬松培养土，连根拔除，否则残留的根株仍会抽生茎叶。

苗高25cm以上，茎数有3～5枝，准备定植大田前，应进行揭膜锻炼，使幼苗处在露地条件下，并控制供水，以使根株充实，适应大田环境，缩短缓苗期，早发新根。

2. 栽植

（1）栽培地的选择　芦笋是多年生宿根作物，种植后有连续10多年的经济寿命，比一般农作物的选地更需慎重。

要选择适于根系及根株发育的土壤。因为芦笋的根系不仅担负吸收功能，吸收水分和无机养料，供应植株生长发育的需要，而且还是一个贮藏器官，即为地上茎叶同化养分的贮藏库。因此，根系发达，不仅能增强植株的吸收功能，而且还扩充了同化养分的库容量。所以，只有在利于根系发育的土壤上种植，以形成强大的根系，才能获得高产优质。

虽然芦笋对土壤的适应性很广，但不同性质的土壤对根系发育的影响仍极大。在疏松深厚的沙质土上，肉质根多、长、粗；而在黏性重的土壤上，肉质根少、短、细。一般以土质疏松，通气性好，土层深厚，排水良好，并有一定保水、保肥力的沙土或壤土种植芦笋为最适宜。

应避免选择透气性差的重黏土。这种土壤不仅不利于根系发育，更不利于培土、采收等作业，而且容易产生畸形笋。

避免选择耕作层浅，底土坚硬，根系伸展不下去的土地。要求耕作层有 30cm 深，底土也较松软，不是重黏土或坚实的土层。

应避免在强酸性或碱性的土壤上种植，以选择 pH 值为 5.8～6.7 的微酸性土壤为最适宜。微碱性的土壤也可种植芦笋，但在 pH 值为 8 左右的碱性土壤上种植芦笋，植株的生长会受很大影响。

不能在地下水位高的地块种植。芦笋根系可以深达地下 2～3m，地下水位高时，根系就难以向下伸展，而且易引起根群腐烂，造成缺株。

不能在近邻水稻的田地种植芦笋，否则会因水田渗水、土壤长期过湿，影响芦笋根系的发育和植株的生长。

不能在石砾多的土地上种植芦笋，否则会使户笋嫩茎弯曲，降低产品的质量。

以前是桑园、果园和种植番茄地也不宜种植芦笋，否则植株易发生紫纹羽病。

（2）整地与土壤改良　芦笋根系分布广且深，因此深层土壤的理化性状的改良只能依赖定植前的土壤耕作。定植前必须通过耕作，创造一个适于根系生长、促进植株生育、有利于提高植株耐病力的土壤生态环境。

一般旱地要深翻 30cm，水田需更深一些。深翻时，要打破犁底层，以利于雨水渗滤，避免田间积水。结合深翻，每公顷撒施腐熟堆肥75 000kg。另外，每公顷需施过磷酸钙1 200kg，与堆厩肥混合后施入土中，以尽量满足芦笋一生对肥料的需要。

（3）定植时期　定植时期可分春植、秋植和生长期定植。春植在春季根株休眠期刚结束，鳞芽开始活动，但尚未萌芽时进行。秋植在晚秋茎叶刚枯黄，根株开始休眠时进行。生长期定植在茎叶生长发育期间进行。应根据各地气候条件、育苗方式、作物茬口等情况选择具体定植时间。

通常一年生的大苗都采取春植或秋植。冬季寒冷的地方，苗株耐寒性弱，起苗受伤的苗株经不起严寒，因此宜采取春植。冬季气候温和的长江流域等地，则以秋植较有利。当秋季地上部枯黄时，地下根系还在继续生长，此时起苗定植，至翌春萌芽前，根部伤口早已愈合，根与土壤密接，萌芽早，植株生长壮旺。而在冬季没有休眠期的华南地区，无论春植和秋植均为生长季定植。因此，定植期主要由育苗时期和茬口来决定。但从芦笋植株的生长周期来看，宜采取早春定植。从12月至翌年2月，植株生理上有一个不明显的休眠期，鳞芽萌发少，定植成活率自然较高。

小苗栽植都在生长季进行，要注意带土定植，少伤根系，并应避开雨季，否则起苗受伤后的苗株极易感染病害，从而造成缺株、断垄。

（4）起苗　定植后的苗株不仅靠原有根系吸收矿质养分和水分，更依赖肉质根系贮藏的养分供应植株的再生长。故起苗时伤根严重，对定植苗的再生会产生很大影响。根系损伤少，贮藏养分多，吸收功能好，定植苗生长自然健旺，早年嫩茎产量也一定较高。

为减轻起苗与定植过程中的伤根问题，应在土壤干湿适宜时掘苗，便于将根系固结的泥土抖落下来，达到逐株自然分离，挖苗应深，尽量将肉质根留长一些。起苗后应避免日晒风吹，以免肉质根干瘪，影响定植成活率和植株的生长。最好边起苗、边分级、边定植，切忌长距离运输或隔天定植。在不得已时，将起出的苗置于塑料编织袋中，保持湿度，最多只能放 2～3 天。

（5）选苗与分级　选苗时可根据苗株茎枝形态鉴别出以后嫩茎的优劣，如苗茎粗大，有生长粗大嫩茎的可能；第 1 分枝离地高，嫩茎顶部鳞片一定包裹密，不易散开；分枝与主茎的夹角小，嫩茎顶部鳞片也不易散开；主茎直立，断面圆整，分枝上方主茎上的纵沟浅，嫩茎多圆整。

将苗分级栽培的主要目的是便于田间管理，避免生长发育速度快的植株影响生长慢的植株。生长期长的大苗，一般根据根株重量或肉质根数分级。凡根株重 40g 以上，根数 20 条以上者为一级苗；根株重 20～40g，根 10～20 条者为二级苗；根株重 20g 以下，少于 10 条者为劣质苗。由于各地气候、土壤条件、管理水平不同，苗株发育速度也有显著差异，实际分级时，应根据实际情况，将处于平均值以上者列为一级苗；近于平均值者列为二级苗；明显低于平均值者为劣苗。劣苗应予淘汰。

生长季短的小苗，可依据株高、茎数、茎粗、根数等综合因素来决定分级标准。

（6）栽植密度　芦笋的栽植密度对株丛发育、嫩茎数量和质量，以及单位面积的产量变化，均有很大影响。一般稀植的株丛发育快，单株逐年收获量增长快，嫩茎粗，质量好；增加栽植密度不利于株丛发育，影响单株产量的增长，但早年单位面积产量大大提高，以后虽随株龄的增长其差距趋于缩小，但多年累计产量仍明显超出稀植，而且在一定范围内，对嫩茎质量并不会有明显影响。

但当密度超过一定范围后，尤其采取双行栽培的芦笋，由于株间竞争加剧，嫩茎的质量会受严重影响，且株丛在养成期间由于茎叶过茂，田间通风透光不良，下部枝叶容易黄化落叶，导致病害蔓延。因此，最适宜的栽植密度应在不使嫩茎变细的范围内，以提高单位面积的产量为原则。

在确定栽植密度时，除栽培白芦笋需培土软化，为取土方便，应扩大行距外，还应根据各地有效生育期长短、雨量、土壤肥力、栽培管理等多种因素来决定。有效生育期短，土壤瘠薄，降雨少，可提高密度；有效生长季长，土壤肥沃，雨水充沛，株丛生育容易过旺，病害多，则应稀些，特别应扩大行距，以利于通风透光，便于控制病害蔓延。生育期长，用母茎采收的，由于延长了采收期，株丛养育期缩短，为避免出现株丛生育过茂现象，可缩小株行距。

（7）栽植深度与栽植方法 苗株栽植的深浅，常会影响栽植成活率，株丛的生长发育，嫩茎发生的早晚、产量和质量。

一般栽植过深，成活率低，根部氧气不足，早期植株发育不良，春季嫩茎发生迟，采收嫩茎时，残留部分多，消耗养料，影响产量。而浅栽虽然容易成活，株丛生长发育快，春季嫩茎发生早，数量多，但鳞芽瘦，嫩茎细，茎叶繁茂，容易倒伏，易受干旱、霜冻等自然灾害的影响。栽植深浅仅对植株早期的发育有影响，多年以后的根株在土下均处于相似的位置，表明地下茎在适合的环境下向水平方向生长，不适合时就会改变方向，达到适合的土层后又水平方向发展。因此，无论当初深栽还是浅栽，多年后植株周围的地下茎的位置，大体上都处于同一深度。

栽植深度应随苗龄大小、土质和气候条件的不同而异。多雨，土壤透气性差，宜浅；少雨，气候干燥，土质疏松，宜适当深栽。一般以 10～15cm 为宜。刚栽植时覆土厚度只需 3～6cm，当新的地上茎长出后，再分次覆土到一定深度。否则，将由于根部氧气供应不足，影响成活率。

栽植时，应将苗株按一定株距摆放在预先准备好的定植沟中，并注意使行内株间排列成一直线。由于粗大肉质根不易与土壤密接，摆苗时应注意将根系放舒展，不可弯曲或相互重叠，覆少部分土后将苗株向上提拉一下，以免根部留有空隙，然后再覆土、镇压，浇稳根水，再覆松土保墒，并避免土表板结。

二、露地栽培田间管理

（一）定植

芦笋的管理是春季育苗，夏季定植，第 3 年进入采笋期。田间管理分定植后当年管理和定植后第 2 年管理。定植后缓苗期间，土壤干旱应及时浇水，雨涝要及时排水防淹，保持土壤见干见湿，一般 5～7 天浇 1 次水。适时中耕，促进根系发育。雨季杂草极多，要及时锄草，做到锄早、锄小，防止杂草与植株争夺水肥，影响通风透光和拔大草伤苗。雨季到来前，应把定植沟填平，防止沟内积水沤根。填土时结合追肥，每公顷施用草木灰 3 700～7 500kg，或磷酸二铵 75kg、氯化钾 75kg，以促进植株生长发育，增强抗病力。可将肥料施于距植株 20～30cm 处，然后埋土。8 月中旬再每公顷施草木灰 3 700kg 或复合肥 100～150kg。施肥时注意磷肥、钾肥复合，忌单施氮肥，以免植株徒长，降低抗病力。

芦笋定植当年，植株较小，行间很大，为充分利用土地，可于行间间作对芦笋有益无害，不与芦笋争光、争肥、无相同病虫害的作物，如萝卜、菠菜等。

冬季，芦笋进入冬眠期，在土壤封冻前应浇 1～2 次越冬水。当芦笋地上部完全枯死后，可将枯茎割除，并清理地面上的枯枝落叶，运出地外烧掉，以消灭病虫害源。

定植后第 2 年，应适时浇水，中耕保墒，保持土壤见干见湿。在 4 月地温回升到 10℃ 以上时，地下害虫如金针虫、蝼蛄、地老虎、蛴螬、种蝇、蚂蚁等开始为害芦笋幼苗和嫩茎。5 月为害最严重，6 月为害部位下移。此期应及时防治地下害虫。夏季高温多雨，应及时锄草和排涝，并防治病害。其他管理同定植当年。

（二）秋末春初定植

春季出苗后适时浇水，保持土壤见干见湿，一般 5～7 天浇 1 次水。结合浇水每公顷施腐熟的有机肥 7 500～10 000kg。在苗高

15cm 左右时培土 4～5cm，过半个月后再培土 4～5cm。随着秧苗生长不断培土，使地下茎埋入地中约 16cm。夏季追肥 2～3 次，每次每公顷施复合肥 150～225kg。入秋后，植株进入秋发阶段，苗回青后每公顷施尿素 150kg 或人粪尿 15 000kg、过磷酸钙 225kg，促使枝叶旺盛，积累更多的养分，为翌年生长打下良好基础。雨季及时排涝防淹，及时中耕消灭草荒和防治病虫害。

定植后第 2 年，抽生的地上茎增多，为了使植株形成茂盛的地上部，增强光合能力，一般不应采收嫩茎。

（三）采收

芦笋从播种时计算至第 3 年春季才能采收，采收期应注意施肥。

白芦笋应在早春未萌发前在植株旁浅掘沟松土，每公顷施入人粪尿 7 500～11 000kg，然后培土。嫩茎采收结束后，在畦沟中，每公顷施腐熟的有机肥 30 000～37 000kg、人粪尿 15 000kg、过磷酸钙 450～750kg、氯化钾 225～300kg。浅松土，使肥料与土壤混匀，然后把培在植株上的土扒下，盖在肥料上。夏季中耕松土后在植株附近施 2～3 次稀薄的人粪尿和氯化钾，促使秋梢生长。最后一次追肥应在秋梢旺发前、降霜前两个月施入，每公顷施复合肥 300kg。施肥过迟，会严重妨碍养分积累。以后每年的施肥法相同。随着株丛发展，产量的增加，肥料的用量应适当增加。

采收绿芦笋的地块，在春季未萌发前，在两行之间掘深沟，每公顷施入腐熟的有机肥 22 500～30 000kg、过磷酸钙 450kg、氯化钾 150kg。肥料填入沟中，分层加工，充分混合，用土覆盖。夏秋季间在植株附近施人粪尿和氯化钾 2～3 次，每次每公顷施 7 500kg 和 225kg。在降霜前两个月最后一次追肥，每公顷施复合肥 300kg。以后随着株丛的发展和产量的提高，施肥量逐年逐渐增加。

芦笋植株生长需要较多的钙。在红黄土壤中，钙含量较低，应适当施用石灰，一方面补钙，另一方面还有中和土壤酸度和改良土壤物理性质的作用。

（四）灌溉和排水

采笋期间，只有土壤中保持足够的水分，嫩茎才能抽生得快且粗壮，组织柔嫩，品质好。春季萌发前，根据土壤湿度及时浇萌发水是非常必要的。采笋期间灌水应保持土壤见干见湿。如果干旱缺水，那么嫩茎不仅抽生缓慢，而且纤维增多，食用品质降低。采笋结束后，在高温季节更应及时灌水，促进株丛茂盛，为翌年的嫩茎增产贮备营养。雨季要及时排水，防止土中积水和空气缺乏，妨碍地下茎和根的生长，甚至引起烂根缺株。

在高温雨季，芦笋易倒伏，以致田间通风透光不良，妨碍光合作用，引起病害蔓延。倒伏的原因多为土壤含水量大，施氮肥过多，植株徒长。故及时排水，少施氮肥是很必要的。一旦植株倒伏，可设支柱扶持。

入冬土壤封冻前及时浇封冻水是保证冬季根系不致因干旱致死和提高抗寒力的重要措施。

（五）培土

白芦笋是加工罐头的原料，是在收获前培土软化生产出来的。培土的目的是使嫩茎避光，以获得鲜嫩、洁白、柔软、美观的嫩茎。在春季地温接近10℃，预计芦笋将要出土的前10～15天进行培土。

培土前清除地上的茎、枝叶，防止嫩茎染病。中耕松土，拣出石块等杂物，务保土壤细碎。如果土壤较湿，地下水位又高，则培土前应晒土1～2天，使土壤干湿适度，然后培土。切记不能用过湿的土壤培土，以免土壤板结影响嫩笋出土和造成土壤空气缺乏，影响芦笋根系生长。如果采笋期土壤干燥，地下水位又低的地块，可不用晒土。培土时勿使用有机肥，以免污染产品。

培土时，应使土埂上窄下宽，横断面为梯形。土埂高度为25～30cm，上部宽30～40cm，下部宽50～60cm；土埂要直，并且高度一致，位于株行的中间。为做到这一点，培土时应在行株中心标记、拉线标直，并用三块木板钉成梯形的培埂模型，插入土中15cm，两人在两边合培一垄。培至垄土超过模型10cm时，用锹拍实垄顶，使土下沉与模型高度一致，再拍实两边，达到内松外紧，埂面松紧一致。

培土的高度与采收嫩茎的长度呈正相关关系。培土高度应根据加工的要求规格而定，培土的宽度随着采收年限的增长而逐年加宽。雨后和多次采收后，若土垄下塌，应立即加工修整。

嫩茎采收结束，应立即把培的土垄耙掉，使畦面恢复到培土前的高度，保持地下茎在土表下约16cm处。若地下茎上方的土层过厚，会促使地下茎向上发展，造成以后培土困难。

三、塑料拱棚早熟栽培

由于拱棚的保温性能差，夜间最低温度仅能高出露地1℃～3℃。因此，覆膜较晚，采收始期只早于露地20～40天。拱棚日夜温度变化剧烈，气温回升后的晴朗天，白天棚温可高达40℃以上，要及时注意通风，防止高温伤害。一般当露地平均气温达10℃，最低温稳定在5℃以上时撤膜。覆膜期较短，在整个采收期中，只有小部分时间处于覆膜条件下，采收结束期与露地栽培几乎相似，故采后的栽培管理同露地栽培。管理上的主要特点是合理确定覆膜时期，并做好棚温的调节和夜间的保温管理。此外，拱棚经常通风，土壤水分特别容易丧失，旱象严重，因此要经常灌水。

（一）采收期

采用拱棚覆膜早熟栽培的目的，在于提早采割，早上市，取得较高的经济效益。为获得较高的经济效益，应待芦笋株丛生育进入成年时，才进行拱棚覆膜早熟栽培，一般在定植后的第4年开始。

（二）采收前的管理

除设置拱棚覆膜保温外，其他管理工作均与露地栽培相同，只是采收前土壤中耕，施催芽肥，根株上喷洒杀菌剂和杀虫剂等工作要提早到设置拱棚前进行。

早春到来，完成采收前的中耕除草、施催芽肥、喷洒杀菌剂后架设拱棚。拱棚有小拱棚、中拱棚两种类型。严寒地区，春季气温回升到旬平均温度 3℃ 以上时开始覆膜。冬季气候不十分寒冷的地方，宜在终霜前 2 个月左右覆膜保温。长江流域约在 2 月上中旬，华北地区在 3 月上旬覆膜。

（三）采收期间的管理

拱棚覆膜期间，棚内日夜温度变化异常剧烈，嫩茎易受高温或低温影响，土壤中的水分丧失也特别快，易受旱害。

1. 温度管理　一般从覆膜保温开始，经 10～15 天萌芽，萌芽后易发生冻害。因此，在早期外界气温较低的情况下，特别在寒流袭击时，晚间应加盖草苫保温。白天应随日照变化和棚内温度上升情况进行通风透气。当棚温上升到 25℃ 左右时，将南侧或东侧的薄膜撑起，有风时应将背风的一侧薄膜撑起。当外界的旬平均气温达 10℃ 以上，夜间最低气温在 5℃ 以上时，小棚在晚间可以不必覆膜。当寒流袭击时，晚上还要覆膜，以防霜害。

2. 水分管理　一般从覆膜保温开始至初次采割，可不浇水。在收获初期，土温仍较低，土壤水分蒸发量少，嫩茎萌生少，伸长缓慢，需水量也不多，灌水间隔时间宜长些。随着地温升高，萌芽数增加，嫩茎伸长加速，需水量增加，灌水要勤，一般以保持土壤见干见湿为度。在采收盛期更要保证水分的供应。每次灌水都应在午前采收结束后进行，以免影响地温回升，导致夜温太低。

其余管理工作与露地普通栽培相同。

四、采收

（一）采笋期

当地温稳定在 10℃ 以上时，从培土到采笋为 15～20 天，华北各地在 4 月上中旬开始采笋。采笋持续日期，依植株年龄、气候、土质、施肥管理等条件而异。当出笋数量减少、笋变细弱时，必须停止采收。如果采收期过分延长，则绿色茎枝的生长日期被缩短，养分的制造和积累减少，影响第 2 年嫩茎的产量，而且由于植株营养不良，易生病害和衰老。一般第 1 年采收期以 20～30 天为宜，第 2 年采收期以 30～40 天为宜，以后可延长到 60 天左右。无论如何，采收结束应留给植株 90 天以上的恢复生长时间。

（二）采笋工具

采笋工具为采笋刀和盛笋器。一般采笋刀为碳钢制作，木制刀柄，刀刃锋利，刀身长 10cm，刃宽 2cm，刀身刻有原料长度标记，防止下刀深浅不一。盛笋器各地不一，但以三格提盒式较为方便，可将采笋与分级同步进行。三格提盒是用杨木或泡桐木等轻质木板制作，板厚 1cm，盒长 50cm，高、宽各为 20cm；盒为三格，分放三级笋。中间一格较大，占盒长的 1/2，放一级笋；两端两格各占盒长的 1/4，分别放二级笋和等外笋，随采随分级放入。

（三）采笋方法

采笋时先观察垄面，垄面有龟裂或顶瓦现象，下面即有可采之笋。用手轻扒垄土，露出嫩芽 5cm，防止碰伤笋尖或其他生长中的笋芽。手捏笋尖下 3cm 处，用刀与地平面呈 70°～75°角，距嫩茎 3cm 处插入土内。刀伸至刻度标记与嫩茎顶部相平时，按刀同时前伸，土内发出响声，嫩茎即割断，随即将嫩茎按级分别放入提盒内。然后用湿土将洞埋到比垄高 5cm，用手拍至与垄面高度一致，避免土壤过松或过紧，否则再抽生的嫩茎会因土壤松紧不一而弯曲，老化。用此法采笋每人每天可采 1～2hm²。

采笋时务必注意不可损伤地下茎和鳞芽。产笋盛期每天早、晚各收 1 次。采收绿芦笋者于嫩茎高 23～26cm 时低于土面 3～5cm 割下。每次采收不论好坏应全部割取，否则遗留的嫩茎继续生长会消耗养分，影响产量。

（四）留母茎采收

在中国南部地区，冬季无霜，芦笋可周年生长，没有休眠期。如果在这些地区周年采收，势必因地下部积累养分太少，而影响产量。为了使植株多抽生嫩茎，应在采收期间培养一定数量的茎枝和拟叶进行光合作用，增加抽生嫩茎所需的养分。这种栽培方式称为留母茎采笋栽培法。

五、病虫害防治

（一）病害

茎枯病、褐斑病发病初期用 70％甲基托布津 800～1 000 倍液，或 1∶1∶240 波尔多液，或 50％代森铵的 1 000 倍液，每7～10 天喷 1 次，连喷 2～3 次；发病初期可用 75％百菌清的 800 倍液，或 50％灭菌丹 800 倍液喷布。

（二）虫害

主要有蛴螬、蝼蛄、种蝇、金针虫等地下害虫。可在田间撒 25％敌百虫粉加 5 倍细土做成的毒土；或用 90％敌百虫的 30 倍液拌在麦麸或豆饼上，撒在田间做毒饵。

练习题

1. 芦笋的特点和对环境条件的要求有哪些？

2. 生产中芦笋选用什么品种较好？

3. 芦笋育苗有哪些技术要点？

4. 简述芦笋的定植方法。

5. 如何对芦笋进行田间管理？

6. 芦笋如何采收？

7. 芦笋的主要虫害有哪些？如何防治？

第十一章　樱桃萝卜

　　樱桃萝卜是一种小型萝卜，为中国的四季萝卜中的一种，属于十字花科萝卜属，一二年生草本。樱桃萝卜具有品质细嫩，生长迅速，外形、色泽美观等特点，适于生吃。樱桃萝卜起源于温带地区，为半耐寒性蔬菜。

　　樱桃萝卜对光照要求不严格，属中等光照的蔬菜，也较耐半阴的环境。但在叶片生长期和肉质根生长期，充足的光照有利于植株光合作用进行，产量、质量均较好，生长期较短。樱桃萝卜喜保水和排水良好、疏松通气的沙质壤土，土壤含水量以 20％为宜。

第一节　品　　种

一、美国樱桃萝卜

　　该品种直根小，纵径 3.2cm，横径 2.8cm，高圆球形，皮色鲜红，形似樱桃，肉质白、致密、爽脆，风味好，辛辣味淡，适作凉拌或水果用。

二、法国 18 天早熟樱桃萝卜

　　该品种直根细长，宛如拇指大小，长 5.2cm，宽 2cm。根端部白色，占直根长约 1/2，极早熟，播种后 18 天即可采收。如果不及时采收，迟于 25 天，则肉质松，易空心。

三、美樱桃

　　该品种肉质根圆形，直径 2～3cm。单根重 15～20g。根皮红色，瓤为白色。植株具有生育期短、适应性强的特点，喜温和气候，不耐热，生育期 30 天左右。

四、萨丁

该品种极早熟，圆球形，肉质根表皮鲜红色，肉白色，直径 1.5～2cm。单根重 15g。植株地上部分短小，叶片少，出苗后 20～25 天收获。

五、小天使樱桃萝卜

该品种叶片短小，根形整齐，四季种植，高抗病，果型方正，极耐运输。根形整齐美观，短樱。植株耐高温，可于夏季播种，适应性好，商品性极佳。

六、美心萝卜

该品种早熟，生长快，长圆柱形，长约 5cm，粗 2～3cm，无糠心，外皮红色、有光泽，上部稍细，叶中等，口味甜脆、微辣。植株耐抽薹，抗病，高产，为高档次高效益品种。

七、罗莎

该品种极早熟，圆形，果实深红，肉质根直径 1.5～2cm，地上部分短小，叶片小。

第二节　生物学特征

一、植物学特性

（　）根

樱桃萝卜的根系为直根系，下胚轴与主根上部膨大形成肉质根。肉质根有球形、扁圆形、卵圆形、纺锤形、圆锥形。皮色有全红、白和上红下白 3 种颜色。肉色多为白色，单根重由十几克至几十克。

（二）茎

樱桃萝卜的茎是短缩茎。

（三）叶

樱桃萝卜的叶在营养生长时期丛生于短缩茎上，叶形有板叶形和花叶形，深绿色或绿色。叶柄与叶脉多为绿色，个别有紫红色，上有茸毛。植株通过温周期和光周期后，由顶芽抽生主花茎，主花茎叶腋间发生侧花枝。

（四）花、果实和种子

樱桃萝卜的花为总状花序，花瓣 4 片，呈十字形排列。花色有白色和淡紫色。果实为角果，成熟时不开裂。种子扁圆形，浅黄色或暗褐色。种子发芽力可保持 5 年，但生长势会因长时间的保存而有所下降，所以生产上宜应用 1～2 年的种子。

二、生长发育过程

（一）营养生长期

1. 发芽期　从种子萌动到两片子叶展开为发芽期。植株依靠种子内部贮藏的养分使种子萌动、子叶出土。这一时期要求充足的水分和适宜的温度。

2. 幼苗期　从幼苗第 1 片真叶展开到"破肚"为幼苗期。此期必须防止幼苗拥挤徒长，要及时间苗、定苗。用地膜覆盖栽培每穴播种 1 粒，不需间苗，但应培土。

3. 肉质根生长期　从肉质根破肚到收获为肉质根生长期。在此期间肉质根进行次生生长，细胞间隙也不断增大，形成横向生长，因而肉质根由幼苗期的细长形状逐渐加粗，显示出品种特征。这一时期根据植株的生长情况，又可分为叶部生长旺盛期和肉质根生长旺盛期。

（二）生殖生长期

樱桃萝卜是二年生蔬菜，在冬季低温条件下通过春化阶段，次年春季在长日照条件下通过光照阶段，通过阶段发育后花芽分化、抽薹、现蕾、开花结实，完成其生活周期，一般需 20～30 天。花期的变化极大，一般 30 天左右，长的达 40 天，到种子成熟还需要 30 天左右。自抽薹开花开始，同化器官制造的养分及肉质根贮藏的养分都向花薹中运转，供给抽薹开花结实之用。抽薹开花后，樱桃萝卜的肉质根变成空心，失去食用的价值。为了留好种子，这时期需要供给充足的水肥，当种子接近成熟时期又需要干燥，以利种子成熟。

三、对环境条件的要求

（一）温度

樱桃萝卜种子发芽最适宜温度为 20℃～25℃，开始发芽温度为 2℃～3℃。幼苗期可耐 25℃ 的较高温度，也能忍耐短时间 −3℃～−2℃ 的低温。叶片生长的适宜温度为 18℃～22℃，肉质根最适生长温度为 15℃～18℃。温度高于 25℃ 时，植株生长弱，产品质量差，所以樱桃萝卜生长的适宜温度是前期高，后期低。

（二）光照

在阳光充足的环境中，植株生长健壮，产品质量好。光照不足时，植株生长衰弱，叶片薄且色淡，肉质根形小、质劣。

（三）水分

在樱桃萝卜生长期间，水分不足，不仅产量降低，而且肉质根容易糠心、味苦、味辣、品质粗糙；水分过多，土壤透气性差，影响肉质根膨大，并易烂根；水分供应不均，常导致根部开裂。只有在土壤最大持水量为 65%～80%、空气湿度为 80%～90% 的条件下，才易获得优质高产的产品。地膜覆盖栽培可以节水保水，是樱桃萝卜种植的一种较好的方法。

（四）土壤和营养

樱桃萝卜适宜于在土层深厚、富含有机质、保水和排水良好、疏松肥沃的沙壤土上栽培。土层过浅，心土紧实，易引起直根分支；土壤过于黏重或排水不良，都会影响萝卜的品质。樱桃萝卜吸肥能力强，施肥应以迟效性有机肥为主，并注意氮、磷、钾的配合。特别是肉质根生长盛期，增施钾肥能显著提高品质，除了肥料三要素外，可多施有机肥，补充微肥。

第三节 栽培技术

一、栽培方式

（一）露地栽培

北方露地栽培从 4 月上旬或中旬开始，陆续播种至 9 月中旬或下旬。

（二）保护地栽培

北方从 10 月上旬至翌年 3 月上旬，可根据具体条件利用塑料大棚、改良阳畦、温室等陆续播种，分期收获。

二、栽种要点

（一）栽培茬口安排

樱桃萝卜为四季蔬菜，既可露地栽培，又可保护地栽培，具体茬口安排为：

1. 春季栽培　在 3 月中下旬至 5 月上中旬陆续播种。

2. 夏季栽培　在 5 月中下旬至 8 月上旬陆续播种。在高温期间应选较阴凉的地方栽培，或利用高生长作物适当遮阳，或架设覆盖遮阳网进行遮阳降温。

3. 秋季栽培　在 8 月上旬至 9 月下旬陆续播种。

4. 冬季栽培　此季节栽培采用保护地栽培，时间为 10 月上旬至翌年 3 月上中旬，需用覆膜或盖棚保温。

（二）栽培技术

1. 整地　樱桃萝卜对土壤要求不严格，以土层深厚、土壤肥沃、保水性强、排水良好、疏松透气的沙壤土为宜。要做到深耕、细耙、平整，这种条件下栽培的樱桃萝卜形状端正、外皮光洁、色泽美观、品质良好。樱桃萝卜生长期短，对肥料种类和数量要求不严格，一般在整地时施用基肥即可满足植株在生长期对肥料的需求。一般施用腐熟积肥，同时施用过磷酸钙。

2. 播种　采用小平畦方式进行播种，畦宽 1m、行距 10～

12cm、株距 3～4cm、播深 1.5～2cm。每公顷穴播需种子 1.5～2kg，条播需种子 17～25kg。在播种时应注意土壤水分和气温，如果土壤干燥，则应先浇水再播种。种子发芽适宜温度为 20℃～25℃，如果温度过高或过低，则应及时遮阳或盖棚。

3. 间苗定苗　樱桃萝卜种植过密，光照不足，会导致叶柄变长、叶色变淡，下部叶片黄化脱落，肉质根不易膨大。应在子叶展开时间苗，有 3～4 片真叶时定苗。要剔除过密及弱苗、病虫株，株距为 3～4cm，保证樱桃萝卜生长良好，果型端正。

（三）田间管理

1. 温度管理　樱桃萝卜既不耐寒，也不耐热，播后出苗前温度保持在 20℃～25℃，出苗后温度控制在 18℃～20℃。

2. 肥水管理　在樱桃萝卜生长期间要特别注意保持田间土壤湿润，不可过干或过湿，浇水要均衡，土壤含水量以占田间持水量的 70％～80％为宜。若土壤水分不足，不仅肉质根瘦小，还会出现须根增加、外皮粗糙、味辣、空心等，影响其产量和品质。水分过多或忽干忽湿，易造成肉质根开裂。若幼苗长势不良，有缺肥症状，可随水冲施少量速效氮肥。

3. 中耕除草　由于樱桃萝卜的植株较小，要及时进行中耕除草，保持表土疏松，防止土壤板结，增加表土的通气性，促进根系对营养成分的吸收，有利于肉质根的膨大。特别是秋季栽培，正值高温多雨季节，杂草生长旺盛，更应加强中耕除草。

4. 收获　樱桃萝卜的生育期一般为 30 天左右，当肉质根美观鲜艳、直径达到 2cm 时即可收获。不同的栽培季节和栽培方式的收获的具体时间不同，要做到及时收获。收获过早，会影响产量；收获过迟，会导致纤维增多，易产生糠心、裂根等，影响品质和商业价值。

5. 品种选择　北方地区市场以肉质根圆球形，直径 2～3cm，单根重 15～20g，根皮红色，肉为白色的樱桃萝卜看好，品种有日本的赤丸二十日大根和德国的早红，生育期为 25～30 天。这些品种适应性强，喜温和气候，不耐热。

6. 种子生产　我国一般重视大型萝卜的生产栽培，樱桃萝卜这种小型萝卜虽然有一些优良品种，但种子多从国外购进，价格昂贵。为了便于生产，可在国内自繁种子，从冬春保护地栽培的樱桃萝卜选择外形端正、色泽好的植株做种株，严格隔离采种。采得的种子经过试种，如产品整齐、品质好，可于第 2 年早春用小株采种法扩大采种量。

三、病害防治

防治软腐病可用 65％代森锌可湿性粉剂 500 倍液喷雾；防治黑斑病可用 50％百菌清可湿性粉剂 500 倍液喷雾。

四、贮藏与保鲜

（一）采后处理

樱桃萝卜采后要剔除病、伤和虫蚀的直根，同时切除叶柄及茎盘，并对产品进行分级贮运。樱桃萝卜在贮藏中发生的病害，有从田间带入的和因贮藏中皮层受伤或冻害引起的。主要贮藏病害是黑心病和软腐病，可用 0.05％扑海因或草菌灵溶液浸醮处理。

（二）包装

樱桃萝卜的肉质根长期生长在土壤中，形成较完善的通气组织，能忍受较高浓度二氧化碳，适于气密性包装贮藏；同时因为表皮组织缺乏角质保护层，保水力差，易蒸发散失水，需要贮于高湿环境才能防止失水，保持细胞的膨压而呈新鲜状态。因此可用聚乙烯薄膜袋做内包装，每袋 20kg 左右，折口或松口扎袋，再置于竹筐、木筐或塑料筐中；也可先装筐堆码，再用塑料薄膜帐罩上，垛底不铺薄膜，处于半封闭状态。

（三）贮藏

樱桃萝卜的贮藏方法很多，有沟藏、窖藏、通风库贮藏、塑料袋贮藏和薄膜帐贮藏等，不论哪种贮藏方法，都要求能保持低温高湿环境，适宜贮藏温度为 0℃～5℃，相对湿度为 95％左右。

贮温高于5℃则易发芽，低于0℃便易受冻害，受冻后不但品质下降，而且易腐烂。樱桃萝卜适合气调贮藏，现多推广用塑料袋包装或薄膜帐半封闭方法的自发气调结合低温贮藏。这两种方法在贮藏期间要定期开袋放风或揭帐通风换气，一般自发气调结合低温贮藏可使樱桃萝卜的贮期由常温贮藏的2～4周延长到6～7个月。

练习题

1. 简述樱桃萝卜的特点和对环境条件的要求。

2. 生产中栽培樱桃萝卜选用什么品种较好？

3. 樱桃萝卜在播种前如何整地？

4. 简述樱桃萝卜对环境条件的要求。

5. 樱桃萝卜的田间管理有哪些技术要点？

6. 樱桃萝卜如何采收？

7. 樱桃萝卜的主要病害有哪些？如何防治？

第十二章 荷 兰 豆

荷兰豆又名豌豆、青豆、麦豆，为豆科植物，起源于亚洲西部、地中海地区和埃塞俄比亚、小亚细亚西部，一年生缠绕草本，高90~180cm，全体无毛。荷兰豆的嫩梢、嫩荚和籽粒均可食用，既可鲜食可煮食，脆嫩可口，味道鲜美，营养丰富。籽实成熟后可磨成豌豆面粉食用。因豌豆豆粒圆润鲜绿，也常被用来作为配菜，以增加菜肴的色彩，促进食欲。荷兰豆是宾馆、饭店和家庭的必备蔬菜，深受消费者的青睐。

荷兰豆的市场需求量越来越大，荷兰豆新品种的引进和实行荷兰豆露地高产栽培，对调节蔬菜市场的花样品种及出口创汇均有着重要的意义。

第一节 品 种

一、大荚豌豆

该品种为蔓生种，株高2m，第1花着生于17~19叶腋，花紫红色，荚宽，达3~4cm，每荚种子5~7粒，荚脆清甜，荚粒特大，纤维少，品质极佳，每667m²产量为1 200kg。

二、脆甜软荚80-11

该品种株高1.8m，白花青荚，抗病，耐寒，适应性广，每667m²产嫩荚580kg。

三、溶糖

该品种植株生长势强，花紫红色，豆荚长11~12cm、宽2.5cm，荚大肉厚，含糖量高，脆嫩，味甜，质佳，一般每株结荚 12～13 个，播种后 75 天左右可采收嫩荚。

四、草原 21 号

该品种株高 80～100cm，结荚部位在 60cm，品质鲜嫩，适宜整荚炒食，并可加工速冻。

五、二村赤花绢荚 2 号

该品种是从日本引进的品种，极早熟，丰产性好。荚长 8cm、宽 2.5cm，外形美观，色深绿。该品种栽培适应性强，春、秋季播种均可，利用设施保护栽培能做到排开播种、均衡供应。

六、食荚大菜豌豆 1 号

该品种为矮生品种，不需搭架，株高 60～70cm，株形紧凑，节间密，花白色，双荚率高，每株可结嫩荚 10～12 个，多的可达 20 多个。荚绿色，荚长 12cm、宽 2.5cm 左右，每荚内有种子 5～6 粒。从播种到开始采收青荚需 70～90 天，每 667m² 产量为 750～1 000kg。该品种适宜春、秋两季栽培。

第二节　生物学特征

一、植物学特性

（一）根

荷兰豆的根系强大，本不宜移栽，但由于其土侧根均发育旺盛，育苗移栽后也易恢复。若采用护根育苗，定植后几乎没有缓苗过程。侧根主要分布在 10～20cm 土层中，根瘤发达。由于根系分泌物对翌年的根瘤活动和根系生长有抑制作用，故不宜连作，有些品种类型还须进行 5 年以上的轮作。

（二）茎

荷兰豆的茎可分为矮生性、蔓性和半蔓性。蔓的长度，蔓性为 1.1～1.4m、半蔓性为 0.66～1m、矮生性在 0.66m 以下。茎圆形，中空，表面覆被蜡质或白粉。栽培矮性品种时可不支架。

（三）叶

荷兰豆的叶为羽状复叶，有 1～3 对小叶，小叶卵圆或椭圆，顶生小叶变为卷须。茎有一定缠绕性，节部有托叶 1 对，形状很大。

（四）花、荚果和种子

荷兰豆的花着生于叶腋间，总状花序，每 1 个花茎有 1～2 朵花，矮生（直立茎）品种则为 2～7 朵。一般早熟品种 5～6 节始花，晚熟品种 15～16 节始花。这里说的荷兰豆专指软荚种，其荚角脆且甜。种子小，圆形，颜色因品种而异。种子属于地下位发芽，发芽时子叶不露出地面。种子千粒重 230g 左右，使用年限为 1～2 年。

二、对环境条件要求

（一）温度

荷兰豆喜温和的气候，在温和、湿润的环境中生长最好。圆粒种子在 1℃～2℃、皱粒种子在 3℃～5℃ 开始发芽，以 15℃～18℃ 最为适宜。幼苗具有较强的耐寒能力，在 -6℃～-5℃ 低温下不会冻死。种子萌发和幼苗期如果能经过一段低温过程，还有增产作用。在我国北方的一些地区，幼苗在塑料大棚中度过严冬，翌年春天开花结荚，萌动的种子在 8℃～12℃ 下，经 15～20 天可通过春化阶段。荷兰豆的生育适温为 9℃～23℃，虽蕾期、花期和结果期要求温度较高，但温度超过 25℃ 对开花也不利。

（二）光照

荷兰豆属长日照作物，有些品种在低于 10 小时日照条件下不能开花。结荚期间要求较强（4 万 lx 左右）的光照和较长的日照时间。

（三）水分

荷兰豆有一定耐旱和耐湿能力，但土壤过湿会影响生长和结荚，因此种植荷兰豆的土壤水分应适度，见湿见干，不能积水。

（四）土壤和营养

荷兰豆喜欢肥沃湿润的土壤，土壤 pH 值 5.5～6.4 较好。荷兰豆的氮素营养主要依赖于根瘤菌的固氮作用，但初期根瘤菌活动能力差，还应补充一定的速效氮肥。荷兰豆对磷、钾的需求迫切，磷、钾充足时可增强根瘤菌的生命力。

第三节 栽培技术

一、荷兰豆露地栽培技术

（一）选地

选地是荷兰豆高产栽培的基础。首先，应选择土质肥沃疏松、易灌易排水的半沙质土壤，pH 值以 6～7.5 为宜；其次，应考虑地块的前作情况，前茬作物为豆类作物，可以减少土壤中病菌的积累，减轻病害的发生。

（二）整地及播种

1. 整地 深翻暴晒两天以上，可以改善土壤理化性状，消灭土壤中的病菌和害虫。结合深翻改土，每 667m² 施生石灰 100～150kg，可起到杀菌除虫、调节土壤酸碱度的作用。整地要求碎而平，按畦高 20～30cm、畦宽（包沟）100cm 作畦，畦向以南北为宜。每 667m² 施腐熟农家肥 1 000～1 500kg、磷肥 20～25kg、复合肥 40～50kg，混合后在畦内开沟施下，并回土盖住基肥，平整畦面。然后充分浇淋清水 1 次，第 2 天即可播种。

2. 点播种子 单行种植，按株距 3cm 挖穴，穴深 3～3.5cm，每穴点播 1 粒种子，盖 1 层 2～3cm 薄土，并浇淋清水 1 次。

（三）田间管理

1. 苗期管理

（1）肥水管理 种子发芽前必须保持土壤湿润。正常天气情况下，每 2～3 天浇小水 1 次，以利出苗整齐。出苗后至开花前每 1～2 天浇清水 1 次。第 1 次追肥在出苗后 10～14 天，结合中耕除草，每 667m² 用氮肥 4kg、钾肥 2kg，对水 150～250kg 淋施，或用 500～1 000kg 人粪尿淋施，或用 7.5～10kg 复合肥淋施。第 2 次追肥在第 1 次追肥后半个月进行，每 667m² 用复合肥 4kg、钾肥 2kg，对水 150～200kg 淋施。

（2）间苗　当植株有 7～8 片叶时，按"留强去弱"的原则及时间苗，每 667m² 地以留 1 万株苗为宜。

（3）搭架　当植株高约 20cm 时，及时搭架，编织线网，以利于植株及叶片在空间的合理分布。搭架的规格有两种形式：

①以 2.5～3m 为距离单位，分别在两端垂直竖插两条高约 2m 的粗竹竿，用 3 条较粗的绳索平行地面拉连两端竹竿，其中最低线离地面约 30cm，绳与绳间距为 50～60cm，然后用麻绳线纵横交织成网状线格。

②直接用 200cm 长的细竹竿密集交叉搭织而成。架网搭织好后，辅以人工引蔓上网，并注意控制苗蔓在网上的均匀分布，以利于通风透光。

2. 开花初荚期的管理　进入开花初荚期后，结合中耕除草培土，开沟追肥 1 次，每 667m² 施复合肥 15kg、钾肥 7.5kg；或用腐熟人粪尿液 500kg 淋施。1 个月后再按以上方法重复 1 次。

3. 采收　当植株出现第 1 次初荚时，把初荚全部摘除掉，以确保荷兰豆的产量与质量稳定。由于荷兰豆的开花结荚习性，必须每天采摘嫩荚，采摘标准为豆荚长 6.5～9cm，厚度以不见豆仁明显凸露为宜。摘下的豆荚要轻放，勿损伤豆身、勿晒太阳、勿淋雨。

二、温室栽培技术

（一）选择优良品种合理安排茬口

1. 品种选择　适合温室栽培的荷兰豆主要有大白花、大荚豌豆、晋软 1 号等品种。播种前剔除种皮光滑的硬荚杂种。

2. 茬口安排

（1）秋冬茬　8 月下旬播种育苗（或 9 月上旬直播），9 月中下旬定植（或定苗），10 月下旬至翌年 1 月中旬收获。

（2）冬茬　10 月上中旬播种育苗（空茬也可直播），11 月上旬定植定苗，12 月下旬至翌年月下旬收获。

（3）早春茬　11 月中旬至 12 月上旬育苗，翌年 1 月上中旬定植，2 月上旬至 4 月下旬收获。

（二）施足底肥培育壮苗

1. 施肥整地　每 667m² 施优质农家肥 5 000kg 以上、磷酸二铵 20～25kg、硫酸钾 20～25kg，均匀撒施，深翻耙平。按 1.5m 宽南北向作畦，精细整地。

2. 育苗　育苗可用营养钵育苗，用肥沃田园土掺入 30% 经发酵腐熟畜粪制成营养土。种子播前用温水浸种 20 小时，浇足底水，每钵播 2～4 粒种子，播后覆土 2cm，再用塑料薄膜覆盖，齐苗后揭膜。在适温（16℃～23℃）下 25～30 天长出 4～6 片真叶，壮苗标准为茎粗节短、无倒伏。

3. 定植　定植前要降低温度至 2℃～5℃，保持 3 天，以利于荷兰豆通过春化阶段，同时进行低温锻炼。定植时每个营养钵选留健壮无病苗两株，苗期温度以 10℃～18℃ 为宜。

（三）加强管理控制病虫侵害

1. 定植后管理　定植后要适当浇缓苗水，定植水一般较少，定植后 5～7 天浇缓苗水，视墒情控制缓苗水大小。浇缓苗水后及时划锄松土，保墒提高地温。植株生长到 2cm 高出现卷须时，由于蔓多且不能自行缠绕，应及时搭立支架。一般需用竹竿搭单排支架，并用细绳绑缚助其攀缘。

2. 浇水施肥　浇定植、缓苗水后，现蕾前一般不需浇水、追肥，当第 1 花结成小荚、第 2 花刚谢进入盛花结荚期时，肥水必须跟上，每隔 10～15 天浇 1 水，并随水施氮磷钾复合肥，每 667m² 施 15～20kg，水不宜过大，否则会引起落花落荚。在开花盛期，如发现落花严重，可用 5mg/kg 防落素喷花，同时注意放风，调节好温湿度。

3. 温度管理　定植后至现蕾前，白天温度不宜超过 30℃，夜间温度不低于 10℃，整个结荚期温度以白天 15℃～18℃、夜间 12℃～16℃为宜。

三、病虫害防治

（一）病害防治

主要病害有豌豆白粉病、褐斑病、美洲斑潜蝇、豌豆象等。病害的防治应突出预防为主，多施有机肥、生物肥，实行 2～3 年的轮作，加强排水，注意田间通风透光，降低田间湿度，可有效地预防、减少、推迟病害的发生。对发生较普遍、严重的白粉病，要配合农药加以防治。常用的农药有可杀得、粉锈宁、石硫合剂等，不管用何种农药，一定要注意农药的交替使用，避免白粉病菌抗药性的产生，喷药时除要喷均植株外，不要忽略对地面的喷洒，要喷足水量。

（二）害虫防治

以药剂防治为主，但要加强田间的除杂、清洁工作，抓住害虫的发生初期和低龄期喷药。农药选择以生物农药为主，低毒高效农药为辅，如抑太保、虫蜡克、农地乐、乐斯本等。

四、贮藏与保鲜

（一）贮藏条件

贮藏适宜温度为 0℃，相对湿度为 95％～98％。采收后应避免日光直射和干风，尽量放在冷凉处，以防种子因呼吸量增高而导致品质退化。豌豆采收后必须立即在 0℃左右预冷，并在此温度下冷藏。豌豆还极易失水萎蔫，贮藏时需要高湿条件，相对湿度为 95％～100％。

（二）贮藏管理措施

豌豆采收后，含糖量会下降，对风味影响极大，除非将其贮藏在接近 0℃温度下，含糖量的下降速度才会减慢。水冷是豌豆最好的预冷方法，装在篮子中的豌豆在 1℃冷水中，12 分钟可从 20℃降到 2℃。也可以用真空冷却的方法，但必须先将豌豆打湿，才能与水冷的结果一致。预冷后的豌豆应加碎冰包装（顶部）保持豌豆的新鲜和饱满，当顶端加冰量适当时，还可提供豌豆所需要的湿度（95％），防止萎蔫。一定要在豌豆的包装中加冰，不然即使在0℃，贮藏期也不能超过1～2周。未脱壳的豌豆比去壳的豌豆保存得更好。

练习题

1. 简述荷兰豆的植物学特性。
2. 温室栽培荷兰豆如何安排茬口？
3. 如何对荷兰豆进行田间管理？
4. 荷兰豆的主要病害有哪些？如何防治？
5. 荷兰豆的主要虫害有哪些？如何防治？
6. 荷兰豆对环境条件的要求有哪些？

第十三章 山 药

山药别名怀山药、淮山药、土薯、山薯、山芋，属于薯蓣科，为多年生草本蔓生植物。地下块茎富含淀粉、蛋白质等碳水化合物。块茎耐贮藏，可延长供应期。

山药的营养价值很高，有健脾、补肺、固肾、益精等功效，对老年人的一些疾病有治疗效果，是一种医用价值很高的滋补强壮剂。山药耐运输贮藏，又可加工成干制品，自古以来就被视为物美价廉的补虚佳品，既可做主粮，又可做蔬菜，还可以制成类似于糖葫芦的小吃。

第一节 品 种

一、普通山药

该品种的叶对生、茎圆、无棱翼，叶脉 7～9 条突出。该品种按块茎形状可分为三类：扁块种，块茎扁形，似脚掌，如江西、湖南、四川、贵州的脚板薯，浙江瑞安的红薯。圆筒种，块茎短圆形或不规则团块状，如黄岩薯药、台湾圆薯。长柱种，块茎长 30～100cm、直径 3～10cm，如江西南城的淮山药，江苏宿迁、郊县、沛县的线山药、牛腿山药、鸡腿山药等。

二、田薯

该品种的茎具棱翼，叶柄短、叶脉多为 7 条，块茎甚大，有的重达 40kg 以上。该品种按块茎形状分为三类：扁块种，如广东葵薯、福建银杏薯。圆筒种，如台湾白薯、广州早白薯。长柱种，如江西广丰的千金薯和牛腿薯等。

第二节　生物学特征

一、植物学特性

（一）根

山药种薯萌芽后，在茎的下端长出粗根。根开始多是横向辐射生长，离土壤表面仅有 2～3cm，大多数根集中在地下 5～10cm 处生长。当每条根长到 20cm 左右后，向下层土壤延伸，最深可延伸到地下 60～80cm 处，与山药块茎深入土层的深度相适应，一般很少超过山药地下块茎的深度。

（二）茎

1. 地上茎　山药的地上茎有两种，起攀缘作用的茎蔓是山药真正的茎；地上茎上叶腋间生长的零余子（俗称山药豆）是一种茎的变态，称为地上块茎。

2. 地下块茎　是山药的食用部分。

（三）叶

山药茎的基部叶片多互生，以后的叶片多对生，也有轮生的叶片。

（四）花、果实及种子

山药是雌雄异株，不同类型的雌雄株比例不同。长山药雌株很少，多是雄株。扁山药和圆山药多是雌株，雄株很少。果实为蒴果，多反曲。果实中种子多，每果含种子 4～8 粒。种子褐色或深褐色，圆形，具薄翅，扁平；饱满度很差，空秕率一般为 70%，高者在 90% 以上；千粒重也很悬殊，低者 0.5～0.7g，高者可达 10g，一般为 6～7g。

二、对环境条件的要求

（一）温度

山药喜高温，要求高温、干燥气候，块茎在 1℃ 时不受冻，在 10℃ 时开始萌动，生长适温为 25℃～30℃，15℃ 以下不开花，

20℃以下生长缓慢，10℃以下时植株停止生长。地上部茎蔓怕霜冻，叶蔓遇霜枯死。

（二）光照

山药属短日照、要求强光的植物，在弱光照条件下，光合能力下降。春季长日照播种的山药，夏、秋季短日照下开花。短日照对地下块茎的形成有利，能促进块茎和零余子的形成，零余子在短日照下出现。

（三）土壤

山药对土壤要求不严，山坡、平地均可栽培，以土质肥沃疏松、保水保肥力强、土层深厚的沙壤土最好。土层越深，块茎越大，产量越高。在稍黏重土中，块茎短小，组织紧密、品质好。

第三节　栽培技术

一、栽培技术

（一）种栽处理

在春分前后，选择无病、色正的山药做种，最好用山药的嘴子（即山药最上端较硬的根头）。如果嘴子不够，也可用栽子（将山药切成段），但最好用山药偏上端的段，每段栽子要在250g以上。不管是嘴子还是栽子，都要在其切断面涂上多菌灵粉消毒，并用80倍的甲醛溶液稀释液浸泡20分钟，杀灭附在种栽上的褐腐病、叶锈病、炭疽病等病的病菌，然后放在阴处晾干水分。晴天，把种栽放在阳光下晒1周左右，有利于解除其休眠。

（二）催芽

种栽晒1周后，即可进行催芽（春分前后），可用大棚催芽，也可用双层塑料薄膜覆盖。催芽畦要求含水量较大的沙壤土，向阳。畦整好后，把种栽排在畦面上，种栽与种栽之间要相距1cm以上，不能靠得太挤，排好后盖土2cm，上覆盖塑料薄膜。

（三）选地和打槽

选择土层深 1.5m 以上的沙壤土，并在 3 年内未种过山药、芋头、红薯的地块，用长 1.7m 钻头（钻头粗 15cm）的打槽机进行打槽（实打 1.5m 深），槽与槽之间中线对中线相距 60cm，每 $667m^2$ 打槽 1 100 个左右。

（四）施足底肥和种薯移栽

在种薯催芽 1 个月后，芽长到 1cm 时，打槽子的地块就可上肥。先把垄沟的土铲 3cm 深，每 $667m^2$ 需用碳酸氢铵 10kg、复合肥 100kg、硫酸钾 60kg，均匀地施在垄沟里，再施厩肥 5 000kg，把土返回盖好，即可移栽种薯。可以用锄头在垄的正中搂一条 5～6cm 深的小沟，把种栽分类排下去，种栽与种栽之间相距 20cm 左右，芽向上，排好后，盖上 3cm 厚的土。

（五）田间管理

山药茎蔓长至 0.6m 长时，用 3m 长的毛竹搭支架，2 垄 1 个支架，每根竹竿相距 0.8m，将 6 根竹竿用绳子扎在一起。在山药茎蔓爬上架后，形成立体布局，有利于通风。当茎蔓长至 2m 长后，每 20 天左右用多菌灵、代森锌、多菌灵硫黄混合胶悬剂，按使用说明书配制，交替喷雾叶片，以防治炭疽病、叶斑病和锈病。7 月，每 $667m^2$ 用 30kg 尿素追肥。山药地里的草最好用人工拔除，以免损伤山药根系。

（六）采收

山药在 9 月底茎蔓已基本枯死，从 9 月至翌年 3 月均可采收。由于山药的组织非常脆嫩，应精心采挖，不使受损，以免降低商品价值。

二、病虫害防治

（一）病害

1. 炭疽病　用 70％代森锰锌 500～600 倍液，50％甲基托布津 700～800 倍液，交替喷雾，视病情轻重喷药 2～3 次；也可在发病初期，用 5％代森锌可湿性粉剂 500 倍液或 50％多菌灵胶悬剂 800 倍液喷雾，喷 2～3 次，每次间隔 8～10 天，雨后应补喷药液。

2. 叶斑病　可用 50％甲基托布津 500 倍液和 70％代森锰锌 800 倍液交替喷雾，共喷 2～3 次，每次间隔 10 天左右，雨后要及时补喷。

（二）虫害

防治山药红蜘蛛，在山药叶片出现黄斑时，选用哒螨灵、精克螨星防治。

三、贮藏与保鲜

（一）堆藏

在仓库的水泥地上，用砖砌起高 1m 左右的埋藏坑，先在坑底铺上厚约 10cm 的干细沙，然后将经挑选的摊晒过的山药按次序平放在泥沙上，一层山药一层泥沙，向上堆至离坑口 10cm 左右，再用干细沙密封，一般隔 1 个月左右检查 1 次，倒动检查时，要轻拿轻放，不要擦伤块茎的表皮。发现病变时应及时剔除，以防蔓延。

（二）筐藏

用稻草或麦秆铺垫在消毒过的筐（箱）底和四周。然后，将选好的山药依水平方向逐层堆至八成满，上面用麦秆覆盖至筐（箱）口，再采用骑马式堆放在库房内，高度一般以堆放 3 只柳条筐为宜。为防止地面潮气对块根的影响，堆放时，可在筐（箱）底下垫上砖头或木板，使与地面之间留有 10cm 左右的距离。

练习题

1. 山药种苗的选择标准如何？

2. 简述山药苗期管理的注意事项。

3. 山药的病害如何进行前期防治？

4. 山药如何催芽？

5. 山药虫害有哪些？如何防治？

第十四章 青 花 菜

青花菜又称西兰花菜，属于十字花科，原产于地中海沿岸。青花菜生育期短，耐寒性强，所含的蛋白质和氨基酸的含量远远超白花菜，还含有钙、磷、胡萝卜素等多种营养成分，位居同类蔬菜之首。青花菜由肉质花茎、小花梗和绿色花蕾组成，花球结构比较疏松（与白花菜相比），根主要分布在 30cm 耕作层内。

青花菜生长适宜温度为 16℃～22℃，营养生长期间适温区域广（5℃～35℃均可生长），开花现蕾期一般要求日均温度在 25℃以下，如果花蕾发育期遇高温（30℃以上），则会造成抽薹过快，产量低，花球品质差。因此，选用抗病耐热品种和科学安排播种时间，是夏播栽培成败的关键。

第一节 品 种

一、碧杉

该品种生长势强，植株半直立；叶色深绿；花球紧密，花蕾小，浓绿，扁圆凸形；露地种植主花球重 360g 左右，每 667m² 产 800～900kg；大棚种植主花球重 450g 左右，每 667m² 产 1 000～1 100kg。秋季种植收获主花球后，可采收侧花球。

二、碧秋

该品种生长势强，植株较平展；叶深绿色，叶面皱缩，蜡粉多；花球紧密，花蕾小，浓绿色，圆凸形；主花球重 400g 左右。每 667m² 产 1 000kg 左右。植株抗病毒病，兼耐黑腐病，主花球收获后，可采收侧花球。

三、绿辉

该品种是从日本引进的优良品种，为中早熟品种，全生育期为 105 天。叶片浓绿色；根系发达，生长旺盛；花球形状好，呈半球形，紧实，侧花球发育好，主花球收获后，可以收获侧花球。植株抗霜霉病和黑腐病。该品种适应性广，可春秋季栽培。

四、里绿

该品种生长势中等，生长速度快；植株较高，色泽深绿；花蕾小，质量好；单球重 200～300g，每 667m² 产 400～500kg。该品种适合于春秋露地栽培以及春早夏栽培，具有较强的抗病性和抗热性。

五、绿丰

该品种植株直立，侧枝较少，适宜密植，生育初期生长旺盛，易栽培；花蕾密集，呈绿色；单球重 200～300g。该品种品质好，具有较强的抗病性和抗热性，适宜于春季和夏季栽培。

六、娇绿

该品种耐寒性强，株形较高，叶色浓绿，有侧芽中等发达，定植后 65 天左右收获。适时采收时花球直径 16cm 左右，单球重 600g 左右。该品种蕾粒细密，花枝短，品质细嫩，适应性强，适宜在全国各地种植，尤其适宜在北方冷凉地区栽培。

七、秋津

该品种耐寒性强，株形较高，叶色浓绿，有侧芽，中等发达，属中晚熟品种，定植后 60～65 天收获。适时采收时花球直径 16cm 左右，单球重 550～600g。该品种蕾粒细密，花枝短，品质细嫩，适应性强，适宜在全国各地种植，尤其适宜在北方冷凉地区栽培。

八、绿色哥利斯

该品种植株高大，生长势较强；叶片为长卵形，叶面有蜡粉；花蕾浓绿色，花球半圆形，花球致密紧凑，主花球直径 13～14cm，单球重 260g 左右；定植后 35 天即可采收，主花球采收后，可继续采收侧花球。该品种耐热性、耐寒性较强，适合于春秋季栽培，每 667m² 产 1 000kg。

九、蒙特高

该品种植株直立型，叶色浅绿，适合于春秋季栽培。花蕾小，商品性好，单球重 400～500g。

十、博爱 2 号

该品种植株直立型，适合于春秋季栽培。花蕾小，单球重 400g 左右。该品种抗霜霉病。

十一、绿彗星

该品种株型稍开张，生长势极强，从定植到收获需 60 天。花球紧密，花蕾中细，单球重 260～300g，深绿色。该品种极早熟，适应性较广。

十二、宝石

该品种种株型紧凑、生长势强，单球重 460g 左右。花蕾绿蓝色，侧枝较多，从定植到初收需 68 天。该品种品质优良，形状整齐美观，极早熟。

十三、南方彗星

该品种植株直立，生长势强，从定植到初收需 57 天。单球重 200～250g。该品种花球扁平，花蕾细密，均匀，青绿色，品质较佳。该种极早熟。

十四、阿波罗

该品种生长旺盛，从定植到初收需 70 天。单球重 380g 左右。花蕾细密，深绿色，品质优，花球美观、紧实。该品种中熟。

第二节　生物学特征

一、植物学特性

青花菜植株较白花菜高大，茎直立、粗壮，与白花菜相比表面有蜡粉，叶片比白花菜宽，球是由绿色花蕾组成的花蕾群，腋芽较活跃，主茎球采摘后，腋芽生长发育成侧枝又长出花蕾群，可多次采摘。

二、生长发育过程

（一）幼苗期

青花菜从播种到定植，即从播种到5～6片真叶展开，苗龄为30～40天。

（二）营养生长期

青花菜从定植到出现花球（直径0.5cm），需30～60天。该时期为叶簇生长和花序分化期，需充足的养分，以促进叶簇的旺盛生长，累积较多的同化物质，为花球的发育打下基础。

（三）花球生长期

青花菜从出现花球到采收，需15～20天。该时期出现花球后，花蕾和花茎不断发育、生长，成为由若干短缩的肉质花茎和花蕾组成的花球，达到商品采收标准。

（四）开花结籽期

青花菜自播种至花球采收共需100天左右，在花球分化和发育过程的同时，进行着旺盛的营养生长，适当的营养生长是花球分化和发育的保证，也是栽培管理的关键。

三、对环境条件的要求

（一）温度

发芽最适温度为25℃，营养生长适温为8℃～24℃，最佳生长温度为20℃～22℃，花球生长适温为15℃～20℃，低于5℃时植株生育缓慢，花球在−5℃～−3℃下会受冻。植株在生长前期要求较高的温度，促进营养生长；后期要求凉爽，促进花芽分化及花蕾的发育。

（二）光照

青花菜要求光照充足，光照不足则植株易徒长，花球变小。青花菜在营养生长期更需长日照和强光，但后期长日照会抑制花芽分化。

（三）土壤与肥水

植株对土壤适应性较广，但最适土质疏松，富含有机质，能灌能排，pH值为6～6.7的壤土。青花菜为喜肥、耐肥性作物，喜湿润环境，不耐干旱，耐涝能力也较弱。特别是在现蕾期和花蕾发育期，植株需要充足的水分，如干旱，会早期出蕾、花球老化，导致植株发育不良，影响产量和品质。

第三节　栽培技术

一、露地栽培技术

（一）整地施肥

选择土质疏松，耕作层深厚，富含有机质，pH值为5.5～8，保水、排水良好的土壤进行栽培，春茬应在入冻（小雪）前深翻土壤晒垄，翌年3月上旬定植前做成小高畦覆地膜，也可做成平畦。

青花菜在生长过程中每667m² 需氮16kg、磷20kg、钾16kg左右。另外，青花菜还需要一定量的微量元素，如硼、镁等，每667m² 施充分腐熟的优质有机肥（鸡粪、牛粪、猪粪3～5m³），另外，施硫酸铵25kg、过磷酸钙50kg、硫酸钾15kg，或磷酸二铵25kg、硫酸钾15kg，或三元复合肥50kg，同时，配合施用硼肥1～1.5kg。注意硼肥一定不要过量，否则会造成硼中毒。小高畦采用沟施，平畦撒施。

（二）播种育苗

1. 春茬　生育期为70～75天的品种，适于在2月10日至15日播种；生育期为65～70天的品种，适于在2月16日至20日播种，最迟不能超过25日。每667m² 播种量为20g，以日光温室育苗最佳，阳畦次之。育苗床育苗，每667m² 需苗床25m²，床土用充分腐熟过筛的优质有机肥和过筛新田土以4∶6或3∶7配成，做成平畦，先灌足底水，待水渗透后点播，株行距3cm见方，然后覆细沙土 0.5cm，覆地膜。也可采用 72 孔育苗盘育苗，以蛭石、草炭为基质，按 1∶2 或 1∶3 配成营养土。播种时 90％的孔只播 1 粒，剩余的孔可播 2～3 粒以备日后补苗之用，播后浇透水，覆地膜。白天温度保持在 25℃～30℃、夜间保持在 15℃～20℃，待 70％出苗后撤去地膜，一般情况下 5～7 天即可出齐苗；齐苗后应降低温度，白天温度保持在 20℃～25℃、夜间保持在 10℃～15℃；长至 4～6 片叶，白天温度保持在 18℃～22℃、夜间保持在 10℃～12℃；定植的前 1 周要进行炼苗，白天温度保持在 15℃～20℃、夜间保持在 8℃～10℃。根据苗情可用 0.2％磷酸二氢钾和 50％多菌灵可湿性粉剂 500 倍液，或 75％百菌清可湿性粉剂 600 倍液进行叶面追肥和防治霜霉病，苗期浇水量不要过大，浇透即可。

2. 秋茬　适于 7 月 7 日至 10 日播种，最佳播期为 7 月 8 日至 9 日。每 667m² 需播种 20g，大棚或露地育苗均可。采用露地育苗，播种后一定要搭小拱棚，盖上遮阳网或旧薄膜，起到遮阳、防雨、降温的作用。待幼苗 2 叶 1 心时撤掉覆盖物。其他管理同春茬。由于秋茬苗龄短，约 25 天，应做好蚜虫、白粉虱、菜青虫、甘蓝夜蛾等害虫的防治工作。

（三）定植

春茬生育期比较长，耐热性差，适于采用小拱棚加地膜覆盖，或平膜覆盖提早栽培，可于 3 月 15 日至 20 日定植；每 667m² 定植 2 400～2 500 株，株距 40cm、行距 60cm。秋茬均于 8 月上旬定植，每 667m² 栽 2 200～2 300 株，株距 45cm、行距 60cm。

（四）田间管理

1. 浇水、中耕　定植时浇 1 次定植水，待水渗下后进行浅中耕，以起到提高地温、增强土壤通透性和保墒作用。5～7 天后浇 1 次缓苗水，而后进行中耕、蹲苗，当植株长到 7～8 叶时再浇 1 次水，并进行中耕、蹲苗直至封垄，其间要根据土壤墒情和植株长势决定是否需再浇水。当植株长到 14～15 片叶时，莲座期即将结束，开始进入结球期，应浇 1 次透水，以后一直到采收应根据天气、土壤、植株长势灵活掌握，小水勤浇，保持土壤湿润。

2. 追肥　结合浇缓苗水施 1 次提苗肥，每 $667m^2$ 施硫酸铵 10～15kg；植株长到 7～8 片叶时，每 $667m^2$ 随水追施磷酸二铵 15～20kg，同时用 0.3％磷酸二氢钾进行叶面追肥；莲座期时每 $667m^2$ 施三元复合肥 10～156kg；结球期随水追施 1 次硫酸钾，每 $667m^2$ 施 10～15kg；当花球长到核桃大小时，喷 1 次 0.3％磷酸二氢钾和 0.2％硼肥；以后至收获，根据田间情况随水追施 1～2 次三元复合肥。

3. 调整植株　壮苗应及时摘除侧枝，弱苗等侧枝长到 5cm 左右时再摘除，以增加光合面积，促进植株生长发育。青花菜现花球后尽量使花球着光，否则花球会变黄，失去商品价值。

4. 采收　当花球长到直径 10～14cm、球高 10cm 时，应及时采收，采收时保留花茎 4～5cm。

二、病虫害防治

（一）病害

青花菜一般发病较少，主要有病毒病、霜霉病、黑腐病三大病害。病害防治要遵循预防为主、综合防治的原则，因地制宜选择较抗病的品种；合理轮作，远离其他十字花科蔬菜。

1. 病毒病　可喷施 20％病毒可湿性粉剂 500 倍液，或 1.5％植病灵乳剂 1 000 倍液，抑制发病，增强寄主抗病力。

2. 霜霉病　可选用 72％克露可湿性粉剂 600～800 倍液，或 72％普力克水剂 600～800 倍液，或 69％安克锰锌可湿性粉剂 3 800 倍液喷雾防治。

3. 黑腐病　可用 47％加瑞农可湿性粉剂 300 倍液拌种。发病初期可选用 77％可杀得可湿性粉剂 800 倍液，或新植霉素、农用链霉素 5 000 倍液喷雾防治，每 10～15 天喷 1 次，防治 1～3 次。

4. 白粉虱　可用 25％扑虱灵可湿性粉剂 1 000～1 500 倍液，

或 40%康福多水剂 2 000～3 000 倍液喷雾防治。

（二）虫害

1. 甘蓝夜蛾 冬季和早春翻地灭蛹，减少田间越冬虫源；用黑光灯诱杀成虫；幼虫 3 龄期前可选用 5%农梦特乳油 1 000 倍液，或 3%莫比朗乳油 1 000～2 000 倍液，或 5%卡死克乳油 1 000～2 000倍液，或 2.5%天王星乳油 3 000 倍液等药剂喷雾防治。

2. 蚜虫 采用黄板诱集有翅蚜，在菜地内间隔铺设银灰色膜或张挂银灰色膜条驱避蚜虫。药剂防治用 50%抗蚜威可湿性粉剂 2 000～3 000 倍液，或 0.5%藜芦碱醇溶液 800～1 000 倍液，或 1%苦参素水剂 800～1 000倍液喷雾防治。

三、贮藏与保鲜

青花菜收获后花球在高于 25℃的环境条件下不耐贮藏，经两天即松散变黄。因此，为保持新鲜度，青花菜花球不宜于室温下存放，需进行低温冷藏。有研究报道，在不同的温度处理下青花菜在打孔纸箱中贮藏 10 天以 0℃～15℃的温度条件效果最好；而用打孔薄膜包装在 0℃～1℃温度下可在贮运中保鲜 15 天。也有报道，青花菜采收后，先进行预冷，再转入 0℃±1℃贮藏，并以 PE 薄膜袋密封包装，可保鲜 30～45 天。家庭少量购买鲜食用时，可将青花菜花球用保鲜膜包好或装入保鲜袋内并封口，存放于家用冰箱冷藏室（15℃以下），可贮放 1～2 周不变质。

练习题

1. 青花菜对环境条件的要求如何？

2. 青花菜生产中选用什么品种较好？

3. 青花菜育苗有哪些技术要点？

4. 如何对青花菜进行田间管理？

5. 青花菜的主要病害有哪些？如何防治？

6. 简述青花菜虫害的防治方法。

第十五章　苦　　瓜

　　苦瓜又称凉瓜、锦荔枝、凉瓜、癞瓜，为葫芦科，苦瓜属一年生攀缘草本苦瓜的果实，原产于东印度热带地区。

　　苦瓜是一种对人体具有较强医疗保健作用的优良蔬菜，经常食用对身体健康有奇特功效。据研究发现，苦瓜不仅是消暑解渴的佳品，而且还有抗癌、降低血糖、治疗糖尿病的作用。

第一节　品　　种

一、株洲长白

　　该品种植株生长势强，主蔓第15节至第22节着生第1雌花，雌花率为30%～40%。主蔓和侧蔓均能结果，果长条形，长60cm左右，横径6cm，肉厚0.8cm，单果重800g。果皮白色微绿，肉瘤较细，肉质脆嫩，清凉略苦。该品种中晚熟，喜湿润，忌水渍，不耐寒，不耐旱，对土壤适应性较差，宜在沙质壤土栽培。

二、扬子洲苦瓜

　　该品种根系发达，第1雌花着生于主蔓第8节至第14节。果实长条形，果长60～70cm，横径6～8cm，单果重750g左右。果绿白色，肉厚，质脆，色泽光亮，味微苦，品质好，鲜食、加工均可。该品种早中熟，耐热，喜湿润。

三、成都大白苦瓜

　　该品种植株生长旺盛，果实长条形，果长50cm，横径5.5cm，单果重450g左右。果乳白色，果表有细且密的瘤状突起，苦味中等。该品种早熟，抗枯萎病，耐寒，较耐热，适应性强，我国南、北方均可种植。

四、草白苦瓜

该品种生长势强，果实细长条形，果长 50cm，横径 4.8～5cm，单果重 380g 左右。果乳白色，果表瘤状突起细而密，味苦，品质中等。该品种早熟，抗枯萎病，耐热性强，适于长江流域各地区春季栽植。

第二节 生物学特征

一、植物学特性

(一) 根

苦瓜是直根系作物，根系发达，侧根较多。主根可伸长 2～3m，侧根分布在 30～40cm 的土层内，横向分布可达 3～5m。

(二) 茎和枝

苦瓜的主茎和分枝都为蔓性，细且长，五棱，攀缘性强。因品种不同主茎长度相差较大，短者 2m 左右，长者达 5～6m。一般 3～4m。

(三) 叶和卷须

苦瓜的叶为单叶互生，掌状五裂或七裂，叶片上有 5 条或 7 条放射状叶脉，叶裂处在叶脉之间。叶片较大，叶柄较长。叶及叶柄浅绿色或浓绿色。

(四) 花

苦瓜的花单生，单性，雌雄同株异花。花黄色。

(五) 果实

苦瓜的果实形状依品种而异，有纺锤形、圆锥形、长圆筒形、短圆锥形，表面有许多纵行的大小稀密不等的不规则的瘤状突起。

（六）种子

苦瓜的种子盾形扁平，种壳表皮呈龟甲状，有凸起的雕刻状花纹，成熟的种子灰褐色或白色，千粒重平均167g。

二、对环境条件的要求

（一）温度

苦瓜喜温，较耐热，不耐寒。种子发芽适温为30℃～35℃。在10℃～15℃时植株生长缓慢，低于10℃则生长不良，当温度在5℃以下时，植株显著受害。

（二）光照

苦瓜属于短日性植物，喜阳光，不耐阴。

（三）水分

苦瓜喜湿，不耐涝，生长期间需要85％的空气相对湿度和土壤相对湿度。

（四）土壤和养分

苦瓜对土壤的适应性较广，从沙壤土到轻黏质的土壤均可。一般以在肥沃疏松，保水、保肥力强的壤土上生长良好，产量高。苦瓜对肥料的要求较高，如果有机肥充足，植株生长粗壮，茎叶繁茂，开花结果就多，瓜也肥大，品质好。

第三节　栽培技术

一、育苗

培育壮苗是苦瓜栽培获得高产优质的重要基础。苦瓜种子皮厚壳硬，直接播种后遇到低温阴雨天气容易发霉烂种，致使田间缺苗断垄。因此，生产上一般都采取催芽播种。

1. 催芽　浸种前先将种子晾晒4～5小时，再用54℃～56℃温水浸种10分钟，并不断搅拌，再用冷水浸种8～10小时捞出。浸过的种子用干毛巾擦干后，用钳子破开种子1/3或1/2，以利出芽，但不可损坏种子。然后将种子用湿的毛巾包好，放在培养箱中，在 30℃～32℃ 条件下，催芽 36 小时左右即可出芽。如无培养箱可采用以下的方法：每 50g 种子用过筛炉灰 20g，将炉灰用开水拌匀，灰与开水之比为 1∶0.7 左右，以手握成团、松手即散为度，而后将苦瓜种子与热煤灰拌匀，装入盆或其他容器。上面盖稻草，放置于有热源的地方进行催芽。10 小时后，将盆内种子上下调换 1 次，过干时，可用 32℃ 温水均匀喷洒，继续催芽，约 24 小时即可出芽。

2.播种　播种方法有两种，分苗播种与不分苗播种法。

（1）分苗播种法　首先整理育苗场地，浇足底水，水渗下后，撒一层干细土后播种，将催好芽的种子撒播到苗床上，尽量避免种子相撞，然后覆盖细干土 3～5cm，用薄膜盖严，温度保持在 30℃～35℃，经 1 周左右的时间即可出苗。当大部分种子出苗顶土时，需及时放风，白天掀开薄膜，晚上再覆上，到两片子叶展平时即可分苗。整理好分苗苗床，将苗按 10cm 见方种植后浇水，注意保持一定温度。

（2）不分苗播种法　即播种后不再进行分苗，首先将发芽的种子按 10cm 见方点播在浇足底水的苗床上，然后抓干细土覆盖，形成一个堆状，每个种子一堆，土堆高 3～5cm，这样有利于扩大受光吸热面积，促进出苗。再在全苗畦上撒一层土。

3.苗期管理　播种后应保温、保湿，促进种子萌发出芽，白天温度保持在 30℃～35℃、夜间温度不低于 13℃～15℃，保温、保湿的薄膜应扣严实，不留风口，加强保湿防寒能力。

二、定植

一般于 5 月上旬晚霜过后即可定植。苦瓜根系发达，侧根较多，蔓高，适合在松散、肥沃、排灌方便的沙壤土上栽培。定植前施足底肥，每 667m² 施用 1 000～1 500kg 腐熟的有机肥。带土定植，一般行距为 0.8m、株距为 0.5m，每 667m² 栽苗 1 600～1 800 株，可采用地膜覆盖小高畦栽苗的方法，或开沟栽苗浇暗水的方法定植。

三、定植后管理

适当追肥，加强中耕，以促进生长发育，是定植后幼苗管理及提早采收和丰产的关键措施。幼苗生长前期，如果土壤干旱，则易出现病毒病症状，植株生长停滞，幼苗小，不发棵。应加强水肥，尽早促进瓜蔓上架，封垄。

1. 肥水管理　定植后要立即浇定植水，定植后 1 周要浇缓苗水，而后中耕蹲苗。10 天左右结束蹲苗，随水追肥促进生长，以后每隔 6～7 天浇 1 次水。在开花期要适当蹲苗，中耕保墒，待第 1 个瓜坐住后，再浇水促秧。盛果期，以 5～7 天浇 1 次水为宜。苦瓜苗期不耐肥，追肥要薄施。结瓜开始后要持续供肥，结合浇水，每 10～15 天追肥 1 次，每次每 667m² 追尿素 10kg 或复合肥 15～20kg。结果盛期要增施 2～3 次过磷酸钙，每次 10～20kg，以防止早衰，延长采收期。如果在盛果期追肥不足，则植株生长势弱，侧枝细，叶色偏黄，结瓜少，瓜个小，产量低，品质变差，苦味增浓。

2. 搭架与整枝　苦瓜的蔓细长，要及时搭架、绑蔓，以免因大风造成植株损伤。由于苦瓜侧蔓的雌花发生较迟，基部侧蔓宜摘除，以发挥主蔓结果的优势。否则侧蔓生长旺盛，既浪费了植株的养分，还会导致疯长，造成化瓜、早衰等现象。一般主蔓长到 50～70cm 时开始整蔓，摘除基部所有侧蔓，只留主蔓上架。主蔓上架后，侧蔓若无雌花，则将侧蔓从基部摘除；若有雌花，应及时摘心保瓜。到了生长后期，为了通风透光，应及时摘除老叶、病叶、黄叶及细小的侧枝。

四、采收

苦瓜以嫩果（瓜）供食用，在生产中应及时采收。一般开花后 12～15 天为采收期，可以采收的表现性状为：果实的条状或瘤状突起饱满，果顶颜色变淡，花冠干枯脱落，果皮有光泽。苦瓜种子发育快，果实生理成熟也迅速，若采收过晚，则瓜顶部变为黄色或橘红色，苦味变淡，肉质变软，品质降低；若采收过早，则瓜条未充分长大，苦味浓，品质差，产量低。采收时最好用剪刀从瓜柄基部剪下，以免用手采摘时撕伤植株或叶片。

练习题

1. 生产中苦瓜选用什么品种较好？
2. 简述苦瓜对温度的要求。
3. 简述苦瓜的植物学特性。
4. 苦瓜育苗有哪些技术要点？